領導者的溝通藝術

開口就能說動人

韓偉華——編著

作為領導者，
你如何說服與你的觀點不一致的人？
如何批評或讚美你的下屬？
當危機發生時，
你該怎麼迎接暴風驟雨？
面對媒體，
你需要具備什麼樣的發言技巧……

可見，口才對於領導者尤為重要。
一位領導者要做好管理工作，
需要具備好的口才，掌握各種溝通藝術。

這是一本幫助你成功
管理的溝通訓練寶典

前言

成功的秘訣有很多，口才是重要因素之一。言為心聲，語言是人類特有的用來表達意思、交流思想的工具，體現出人們不可或缺的成功智慧。

美國成功學大師戴爾．卡內基說：「掌握了說話的技巧，擁有了運用語言的巧妙才能，你便擁有了打開成功之門的鑰匙。」

溝通是一種看似普通的行為。但是你千萬不能小看這個普通的行為，它在生活和工作中至關重要。

每個領導者在工作之中都無時無刻不面臨著機遇與挑戰、困難與希望。作為一個領導者，你如何說服與你的觀點不一致的人？如何批評或讚美你的下屬？當危機發生時，你該怎麼迎接暴風驟雨？面對媒體，你需要具備什麼樣的發言技巧……

可見，口才對於領導者尤為重要。一位領導者要做好管理工作，需要具備好的口才，掌握各種溝通藝術。

本書以溝通為主題，詳細介紹了針對不同場合、不同情況的溝通技巧，內容豐富，有針對性地為讀者提出建議，即作為一個領導幹部，在不同的場合該怎樣拿捏好說話的分寸，把話說好、說全，說得恰當得體，相信會讓讀者的口才與見識上升到一個新的層次，與他人的交流更加順暢，為其在精彩時刻錦上添花。

在這裡，我們需要強調的是溝通離不開實踐，領導者不妨把書中提到的溝通藝術靈活地運用到工作中去，真正掌握溝通的奧妙，並從中受益。

目錄

第十四章 演講藝術：用語言抓住聽眾的心

第十五章 交際藝術：聚集人氣才是最重要的

第一章

溝通基礎：會說才會贏

用言行舉止展現你的魅力

領導者要使自己說出來的話能夠吸引人、說服人、教育人、激勵人、影響人，就必須認真研究語言藝術，形成獨特的語言風格，並由此展現獨特的語言魅力。

領導者要注意自己講話的方式。辦公室裡跟下屬講話，一般要保持親切自然的態度，不能讓下屬過於緊張，以便更好地讓下屬領會自己的意思；在公開場合講話，例如面對許多員工進行演講或是做報告時，要威嚴有力，震懾人心。

不管在什麼情況下，領導者講話都要做到一是一，二是二，堅定果斷，切忌含糊不清。

跟下屬交談，即便下屬是主動的一方，領導者也不可唯唯諾諾，被對方左右。如果下屬的意見與自己的意見相左，領導者應該明確予以否定；如果意識到下屬的意見確實對團隊有利，領導者也不要急於表態，可以說「讓我考慮一下」或「容我們商量一下」結束談話，這樣一來，下屬不但不會沾沾自喜，反而會更加謹慎，領導者也可以從容思考，決定取捨，在無形中樹立領導者的權威。

領導者要善於適當地表現自己的權威。在辦公室裡與下屬相處，別人應該一眼就能瞧出，誰是下屬，誰是領導者。如果不能做到這一點，或許這位領導者該在某些方面做出調整。

用語言來提高自己的聲望

語言的影響力，就是指在與他人打交道的過程中，其中一方能夠有效地影響或改變交談對象的心理與行為，使其接受自己的觀點。

二十多年前，一個考察團去日本考察。考察結束後，考察團成員用剩下的幾天時間觀光購物。在回飯店的公車上，他們和一群日本年輕人激烈地爭吵起來。

兩撥人雖然語言不通，但情緒都很激動。就在他們吵得不可開交時，一位日本老人走到那群日本年輕人面前，用很嚴厲的語氣訓斥了幾句，年輕人立刻安靜下來。考察團成員十分感謝這位老人，但是讓他們想不明白的是：一位普通的老人，怎麼能用三言兩語就將一群情緒激動的年輕人訓斥得服服貼貼？難道他的話中藏有玄機？

翻譯人員為大家揭了秘。其實那位老者只說了這樣一番話：「人家是客人，我們作為主人怎麼可以如此無理！你們趕緊給我老老實實地坐好，別再造次！」聽了翻譯人員的話，考察團成員更加迷惑了：這三句話難道有什麼不尋常的地方嗎？

確實沒有什麼不尋常，只是老人教訓年輕人的語氣十分嚴厲，而且底氣十足。在日本，人們十分尊重老人，也願意遵循老人的教導。年長者靠著年齡賦予自己的社會地位，再加上和身分、環境相符的語言，才能聲色俱厲地訓斥一群素不相識的年輕人，使他們安靜下來。試想一下，如果老人和顏悅色地講道理，恐怕效果就會差很多。

這種強迫式語言的影響力，能起到立竿見影的效果。有一種影響力被稱為「非權力影響力」，是指說話人依靠自己的個人素養，包括品行、聲望等形成的一種影響力。對領導者來說，擁有這種影響力也是很有必要的。

以言語為自己樹立權威

領導者的語言表達能力既與他的道德品質有相當密切的關係，又能體現出他的

道德水準。領導者的道德水準對下屬和集體的影響十分深遠。

領導者樹立權威的過程就是立言立德的過程。要想真正做到以言語打動下屬的心，領導就必須時刻注意自己的言談舉止，做到以下幾點。

齊家治國必先修身

領導者的思想品德、個人素質必須達到一定的水準，才能影響他人。提高修養是每一位領導者的必修課。孔子一生不懈地教化民眾，要人們修身、齊家、治國、平天下，而在這句儒家經典名言之中，「修身」是第一位的。只有領導者提高自身修養，才能以德服人，以情感人，而素質低下、虛情假意的領導者，只能讓團隊分崩離析。

正人必先正己

領導者要加強自身道德修養，起到表率和模範的作用，要求下屬做的，自己應該率先垂範；禁止別人做的，自己必須堅決不做。

領導者的語言表達能力既與他的道德品質有相當密切的關係，又能體現出他的道德水準。領導的道德水準對下屬和集體的影響十分深遠。領導者高尚的道德情操，使得下屬對領導更加信服，使團隊更加團結。相反，領導者低劣的道德水準會讓下屬心灰意冷，導致團隊中不良作風蔓延、人心渙散。

說話要清晰，目標要明確

領導者的語言要表達出一個清晰的目標，絕不能含糊其辭，指令不清。即使有時候你的表達方式含蓄隱諱，也儘量要給下屬一個清晰的目標。這樣才能令下屬明白，更好地完成任務。

做領導者也要學會察言觀色

領導者講話在突出「領導權威」的同時，也要表現出對下屬的關懷，兩者融會貫通才能控制全域。領導者必須把話說到位，把話說到下屬的心坎裡，要時刻冷靜地分析局勢，認清有利不利的各個方面。領導者要善於換位思考，經常從下屬的角度琢磨一下自己的話，這樣才能很好地用語言表達自己的意思，控制全域。

練成好口才，功夫在平時

好口才的養成是建立在善於思考、善於觀察和具備豐富的知識的基礎之上的。

沒有這些條件，光靠口齒伶俐，無法成為口才好的人。

很多人以為口才就只是嘴上功夫，所謂口才好的人，只是會說話，口齒伶俐。其實這種看法是片面而膚淺的。

俗話說「巧婦難為無米之炊」，好口才的養成是建立在善於思考、善於觀察和具備豐富的知識的基礎之上的。沒有這些條件，光靠口齒伶俐，無法成為口才好的人。

相傳唐朝詩人王維隱居時，一日偶染微恙，到一家小藥店買藥，他看到賣藥的是一位端莊秀麗的少女，便想趁機試試她的才氣。

王維開口說：「我買『宴罷客何為』。」

姑娘微笑一下，答道：「宴罷酒酣客『當歸』，請問貴客『當歸』要多少？」

「且慢，我再買『黑夜不迷途』。」

「『熟地』黑夜不迷途，此藥本店有的是。」

王維又說：「三買『豔嫂牡丹妹』。」

「牡丹妹『芍藥』紅，芍藥今天方到。」
「四買『出征在萬里』。」
「萬里戎疆是『遠志』。」
「五買『百年美貂裘』。」
「百年貂裘是『陳皮』。」
「六買『八月花吐蕊』。」
「秋花朵朵點『桂枝』。」
「七買『蝴蝶穿花飛』。」
「『香附』蝴蝶雙雙飛。」
「妙！答得妙！」王維連聲喝彩。

王維為了測試賣藥姑娘的才華，連出七句詩謎考她，姑娘都能對答如流，可見其不僅熟諳藥物名稱，而且才思敏捷，知識豐富，這都和她平時注重知識的積累有關，正所謂厚積薄發。

鍛鍊口才，功夫主要在平時。言語是在生活基礎上才產生的，只有擁有豐富的生活體驗、豐富的實踐經驗，談話的內容才會變得豐富。

如果一個人不斷鍛鍊自己，讓自己成為一個善於思考、善於觀察、遇事認真、朝氣蓬勃的人，那麼他說話的水準就會明顯提高。對於領導者來說，也是如此。

下面有一些提高語言表達能力的方法：

通過看報紙、雜誌等積累素材

看報紙、雜誌的時候，可以順手拿一支筆，把有趣的新聞或好文章摘錄下來，甚至做成剪報。每天即使只摘錄兩、三條，幾個星期後，也會記下許多有趣的事，可以作為談話的素材。

閱讀名著，豐富詞彙

「熟讀唐詩三百首，不會作詩也會吟」的道理盡人皆知，所以說，要想提高說話的水準，就必須多讀名著，多讀書，才能有所積累。

「讀書百遍，其義自見」，通過大量地閱讀，讀者才能對書中的故事產生興趣，才能對表達的深意心領神會。反覆咀嚼名篇佳作的精彩段落，不僅會讓人積累豐富的詞彙，還能更好地理解和探索語言的精妙之處。這樣日復一日，講話時便可字字珠璣。這絕非天方夜譚，事實上，只要潛心苦讀、持之以恆，就能提高語言表達能力。

經過這樣的積累，在與人談話的時候，我們很容易回想起過去學習的知識，一些有意義的話會很自然地從腦海中「跳」出來，或是用自己的話講出來，就可以讓語言的魅力發揮得更好，也更有利於我們和他人的溝通。

同時，在和別人交談時，聽到自己不知道的警句、諺語，要把這些話記在心裡，日積月累，談話的素材就會不斷增多，說話時自然也就能做到妙語連珠。

善於向下屬表達

領導者的講話能力，無論對展示其個人魅力，還是對推動工作、順利完成任務，都起著至關重要的作用。而不善於講話或講話水準不高的人是不可能實現有效的領導的。

「震天下者必震之於聲」，對於領導者來說，講話就是向下屬表達意圖、傳遞政策、進行思想交流。領導者講話，關鍵在於能引起共鳴。領導者講話藝術欠佳，無法完成既定的目標與任務，輕者會被下屬認為沒水準，重者會失責、失職、犯錯。

試想一下，如果你是一位領導者，會讓自己陷入如此尷尬的境地嗎？

一群滿懷期待的聽眾十分希望聽你講幾句簡單而有意義的話，你卻張口結舌、磕磕絆絆、語無倫次；當需要當眾發表慷慨激昂的就職演說時，卻驟然間心臟怦怦直跳，頭上直冒冷汗，手腳發軟，腦子一片空白，什麼話也說不出來，導致現場氣氛尷尬到極點，到處都是失望的歎息，甚至還有人發出嘲笑聲；當面對艱苦的談判時，卻怎麼也找不到說服對方的關鍵點；當需要率領下屬應對嚴峻的挑戰時，卻怎麼也無法調動大家齊心協力；當深陷於紛繁的人際關係時，卻難以把握住協調矛盾、贏取信任的良機……

如果這時你才發現自己完全沒有說話的才能，完全沒有好口才，你一定會深深地自責。對於領導者來說，這簡直是致命的缺陷！

所以領導者的講話能力，無論對展示其個人魅力，還是推動工作、順利完成任務，都起著至關重要的作用。而不善於講話或講話水準不高的人是不可能實現有效的領導者的。

領導者要善於向下屬表達意思、傳達政策、與大家進行思想交流。領導者說話最重要的一個目的，就是要引起共鳴，使下面的人聽懂政策、聽進道理，然後激發起大家的積極性和創造性，推進事業蓬勃發展。

領導者要經常公開露面，成為各種場合和各種活動中的焦點和中心，人們也希望能聽聽領導者的意見和聲音，看看領導者的水準和表現。如果講話藝術欠佳，語言水準不高，領導幹部就會在聽眾面前丟面子、掉鏈子。一般人一兩句話說得不妥，或說話跑題，可能無關緊要，但領導幹部就不同了，輕者被聽眾認為沒水準，重者會失責、失職，會產生嚴重影響，甚至犯錯誤。所以領導者的說話能力對於推動工作、展示個人魅力、順利完成各項任務都有著非常重要的作用。在一定意義上說，離開了領導者講話，領導者活動就無法開展。

西元前十四世紀，商朝明君盤庚用生動質樸、雄辯有力的語言，說服了難離故土的民眾，實現了遷都的主張；在近代，國際金融家薩克斯說服美國總統羅斯福儘快研製、生產原子彈，為儘早結束第二次世界大戰起到了重要的作用。

如今的時代，是一個開放進取、高速發展的資訊時代，機遇與挑戰並存，困難與希望同在。非凡的時代需要非凡的領導者，非凡的領導者又離不開非凡的口才。

法國思想家蒙田曾說過：「語言是一種工具，通過它，我們的意願和思想才能得到交流，它是我們靈魂的解釋者。」而「知識就是財富，口才就是資本」這個充滿時代性的理念的提出，是人們對口才與語言作用的全新詮釋。

言談舉止六種「力」

言談舉止對於每個人都很重要。但作為領導者，我們應該讓自己的言談舉止更有魅力，要注意提高語言的六種「力」。

獨到的創造力

在講道理時，難免會重複說一些話，但重複多了又會有反作用。如果總是以一副「老面孔」示人，即便說的是正確的，也會讓聽眾厭煩。領導者講話必須學會將道理講出新意，才能引起聽眾的共鳴，讓人樂於接受。

內在的吸引力

從外在形式上看，講話生動就有吸引力，但是語言內在的吸引力，要求領導者能夠通過講話表達深刻的內涵。所以領導者講話應儘量在內在美上下功夫。這就要求領導者必須善於抓住群眾的心理，儘量做到自己所說的正是群眾想聽的，從而增強內在的吸引力。

敏銳的洞察力

敏銳的洞察力要求說話的人能夠一語中的，切中要害，透過現象看到本質，撥開枝節觸及主幹，一針見血，字字珠璣，講到關鍵點上。

較強的說服力

領導者講話的目的就是借助語言的力量影響他人、指導他人。想要做到這一點，關鍵是講話要有說服力。失去了說服力，講話就失去了意義。所以領導者要對群眾關心的內容講清楚，不拖泥帶水；對群眾不明白的內容講明白，不含糊其辭；對群眾有抵觸、有反感的內容，要講透徹，不牽強附會。

強大的號召力

優秀的領導者能通過一番話把群眾的心凝聚起來，將群眾的力量組織起來。而某些平庸的領導者，話講了半天，純粹是空洞的說教，別人根本聽不進去，乾脆不吃他那一套。領導者應在增強號召力上做些研究，要通過講話起到激勵與鼓動的作用，達到工作目的。

強烈的感染力

一次演講，如果感染力強，效果就好；如果講得平淡無奇，就像死水一潭。聽到缺乏感染力的演講，大家會指責演講者沒水準。作為領導者，倘若自己的講話感染不了聽眾，就會被人質疑自己的能力。所以優秀的領導者必須研究聽眾的心理，把握現場的環境，從容應對不同的場面，利用那些具有感召效果的語言——或援引哲理，或認真評議，或熱情激勵，達到講話的目的。要知道，平庸的領導者講話就如同空洞的說教，毫無激情，更談不上效果。

第二章

溝通原則：沒有規矩，不成方圓

長話短說，以簡馭繁

用最少的語言表達儘量多的內容，是演講與說話的最高境界。

清代以畫竹見長的畫家鄭板橋有詩云：「冗繁削盡留清瘦。」意指畫竹的至高境界應為去繁從簡，這個道理在說話上同樣適用。話語在精不在多，用最少的語言表達儘量多的內容，是演講與說話的最高境界。

林肯的葛底斯堡講話，被譽為美國歷史上最優美的演講詞之一。這篇演講詞只有十句話，二百四十一個單字，用兩分鐘講完，卻成為演講歷史上的不朽之作。而當時的議員艾弗瑞特滔滔不絕地講了兩個小時，但他講的內容根本沒有人記得。美國歷屆總統的就職演說大多運用約三千個單字，而少的只有幾百個單字，這些言簡意賅的演講，有很多成為經典之作，被後人廣為傳誦。

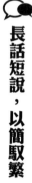

要做到說話簡潔明快，首先必須長話短說，以簡馭繁。老舍說過：「簡練就是話說得少，而意思包含得多。」如果話少，意思也少，算不得簡潔。

一九八一年，世界盃女子排球賽最後一場是大陸與日本對戰，由於已經先贏兩局，勝利就在眼前，大陸選手們興奮不已，導致第三、第四局打得毫無章法，輸得稀裡糊塗。這時必須想辦法使女排選手們鎮定下來，才能獲得冠軍。在第五局開始前短暫休息的時間裡，大陸總教練袁偉民說：「我們是中國人，你們代表的是中華民族，祖國人民在電視機前看著你們，要你們拼，要你們搏，要你們全勝！這場比賽拿不下來，你們要後悔一輩子！」選手們在這簡短卻擲地有聲的話語激勵下，努力拼搏，終於拿下了第五局，贏得了冠軍的獎盃。

袁偉民的這幾句話可謂言簡意賅，效果立竿見影，可見簡明扼要、切中要害的講話，具有多麼神奇的力量。

多觀察，才能把話說到點子上

領導者在工作中要善於觀察下屬，考慮周全，在說話之前，不僅應該考慮到下屬的特點，還應該對可能出現的問題進行思考與準備。

《禮記．中庸》說：「凡事預則立，不預則廢。」這之中的「預」，是指事先洞察，做好準備。優秀的領導者必須善於洞察先機，這不僅是管理之道，也是擁有口才的一種前提。要擁有好口才，洞察力是必不可少的。

法國一位偵探小說家善於觀察，發表見解時往往一針見血。

有一天，他和一個朋友在大道上散步，突然，小說家吹起了口哨，並驚歎道：「我的天啊，那位女士一定非常漂亮！」

「女士？」朋友很不解地問道，「我們眼前只有幾個小夥子呀。哪有什麼女士？」的確，朝他們兩人迎面走來的只有幾個年輕的男士，並沒有什麼女士。

「不，朋友，我說的是我們後面的那一個。」小說家得意地回答。他的朋友一回頭，果然看見他們身後不遠處有一位衣著入時、神采飛揚的漂亮女士。這讓他的朋友很不解：「你沒有回頭，怎麼能看到身後的東西？」

「當然能！我雖然看不到她，但我卻看到了對面那些男人們的眼神。」

這個故事雖然只是一件生活小事，卻告訴我們：要想使見解獨到深刻，必須要有過人的洞察力。那些機智敏銳、善於以語言揭露事情本質的語言大師，無一不是善於洞察先機的人。

作為一位領導者，工作中要善於觀察下屬，考慮周全，在說話之前，不僅應該考慮到下屬的特點，還應該對可能出現的問題進行思考與準備，否則會因為在說話中出現未能顧及的「臨時狀況」，而造成上下級關係受影響，工作難以順利進行。不體諒下屬的感受，以領導者的身分壓人，要他人看自己臉色，這樣的說話與行事作風，絕非一位理智的領導者應該有的，而最終的結果只能是喪失民心，領導權威受挫。

會聽才會說

能夠安靜、認真地聽他人說話，其實是一件很不容易的事。耐心傾聽他人說話，並不是被動的行為，而是要付出不少心力的主動行為，傾聽者要具備足夠的自制能力。

一個人每分鐘大約能說一百三十五個字，但是思考的速度，至少要快四倍。換言之，在一定的時間裡，對方只說了一百個字，你卻能聽出四百個字的內容。這樣一來，人就有許多時間來胡思亂想，這就是問題的根本所在。

能讓談話順利進行下去的，並不是那些只會說話的人，而是那些會說又會聽的人。

對於善於傾聽的人，幾乎所有人都會將其視為知心朋友。因為無論是誰，都希望自己說話時有人細心聆聽。而為什麼懂得傾聽的人比善於說話的人少呢？原因多半是大多數人都把重點放在研究說話技巧上，而不是怎麼去聆聽上。另一個原因是說話的確比傾聽要簡單得多。

能夠安靜、認真地聽他人說話，其實是一件很不容易的事。耐心傾聽他人說話，並不是被動的行為，而是要付出不少心力的主動行為，傾聽者要具備足夠的自制能力。

人與人之間的交往離不開溝通，而溝通的方式除了說話，還有傾聽。此外，認真聽他人說話還是有責任心、有修養的表現。

有時候聽他人傾訴還能幫助自己解決難題，創造新想法，發現新方向。聽得越多、越清楚，就越能深入地瞭解別人的所思所想，知曉更多的事情。

而想要真正地成為一個良好的聆聽者，必須心甘情願地靜下心來，聽別人說話——不是讓他人的聲音進入耳朵這麼簡單。在傾聽過程中，必須主動克服一些不良的習慣，避免分心，認真地從對方的角度去體會對方的心，只有這樣才能真正聽懂對方的話，使溝通過程更順暢。

表現真實的自我

想擁有好口才，關鍵是要敢於和樂於表現出真實的自我，不要怕暴露缺點和弱點，而是通過發現缺點和弱點，不斷完善自我。

要想真正掌握口才藝術，必須保持積極的心態。雖然可以舉出無數理論知識，但追根究底，說話是一門實踐的學問，需要在實踐中鍛鍊與提高。最重要的就是不能滿腦子只想著面子，像「如果我說錯了，大家該怎麼笑話我」這樣的想法，只會讓人失去勇氣。放棄了實踐的機會，就是放棄了提高的機會。

口才的磨煉要求領導者不怕失敗，勇於實踐，只有如此，才能磨煉出真正的口才。

邱吉爾可以說是二十世紀最偉大的政治家之一，但他在口才方面並沒有什麼過人的天賦，完全與普通人一樣。他第一次在國會演講之前，為了準備，一連幾天寫稿、背誦、對著鏡子反覆練習，生怕當眾出醜。但到了演說那天，他擔心的事情還是發生了，因為緊張，他的腦海裡一片空白，結果尷尬極了。

從那以後，邱吉爾開始了對演講能力的鍛鍊，但與眾不同的是他並非單純地學習演講技能，而是改變了心態，在心理方面做了充分的準備。他不再害怕失敗，不怕出醜，不論在什麼場合，他都敢於當眾說出自己要說的話，於是他很快就成為一位頗具感染力的演說家。

想擁有好口才，關鍵是要敢於和樂於表現出真實的自我，不要怕暴露缺點和弱點，而是通過發現缺點和弱點，不斷完善自我。

在社會交往中，領導者可能隨時需要當眾講話，講得好可以讓人信服，體現領導力。那些說話水準高的人，大多能夠將各種願望和意思恰到好處地表達出來。可見，說話水準對個人實現人生價值的作用是難以估量的。

有人說：「人的思想猶如禁錮在籠子裡的獅子，而籠子的鑰匙就是語言，不將它釋放出來，就無法發揮其王者的力量。」思想只有通過表達才能顯現，口才只有通過多鍛鍊才能得到提升。唯有無所畏懼，才能如獅子一般發出振聾發聵的怒吼。

說話得體講策略

在開口說話之前，一定要把握好自己的社會角色，根據現場氛圍，想好「說什麼話」和「怎麼說」這兩個問題，逐漸養成良好的語言習慣。

一般來說，策略的選擇取決於交際的目的、情境和對象。

例如，表揚他人時要用明確的語言，可以增強語言的力量，從而激發被表揚者和聽眾的熱情；而批評他人，則不宜過於直白，需要模糊一些，不能把話說死，要留有餘地，做到對事不對人，強烈傷害他人自尊心的方式不僅起不到批評的作用，反而會適得其反。日常生活中，作為領導者也常會遇到一些不便和盤托出的事情，這些事情通常可用模糊的語言進行表達。

說話要符合身分

人在說話的時候，總是以一定的社會角色，或是特定的身分地位出現在交際對象面前的。不可否認，每個人在每時每刻都有自己的社會身分。因此一旦交談開始，說話者的言談舉止其實都會被交談對象評判，評判的第一標準就是得體與否。作為表達者，要做到表述得體，主要是明白自己的身分地位，綜合自己的文化修養，考慮現場的客觀狀況與人們的主觀要求，把這些結合在一起，再發表演說。要知道，人們之所以對西裝革履、風度翩翩卻滿口粗話的人不屑一顧，就是因為覺得這種人缺乏教養。必須明確的是言談舉止與衣著，如果和身分不吻合的話，就會造成對方極大的心理落差，引發不滿和否定情緒。

有一年，某地舉行修辭學年會，會長在開場白中這樣說：「先讓我這個老猴來耍一耍，然後你們中猴小猴耍。我老猴肯定耍不過你們，不過總要帶個頭吧。」代表們聽後覺得很有意思，都笑著鼓掌。這是因為，首先，會長既是與會的最高權威，又年近古稀，把自己比作老猴，把其他與會者比作中猴小猴，不僅描繪出老中青三代共聚一堂切磋砥礪的學術氣氛，而且妙趣橫生。其次，在修辭學的年會上，會長故意用比喻這種修辭手法表示自謙，與主體身分和客觀對象及具體場合都十分協調，因而取得了很好的效果。

但是假想一下，如果換一個中年人，即使他是會長，若他說出「我是個中猴，先讓我來耍一耍，然後請老猴和小猴耍」，就顯得很不得體。因為聽的人必定覺得把德高望重的老先生稱作老猴是大不敬，以他的身分不能這樣打比方。

所以在開口說話之前，一定要把握好自己的社會角色，注意現場氛圍，想好「說什麼話」和「怎麼說」這兩個問題，逐漸養成良好的語言習慣。

講話要適合聆聽的對象

這一條很簡單，就是提醒講話者必須注意聆聽者的性格特點、心理特徵及特有的人際關係。

說話要適應語境

說話必須適應特定的交際環境。說話的人所選擇的語言材料和內容的表達手段及對話語結構的安排，都要做到切合特定的背景和環境，結合時間、地點、場合等因素，才能真切體會說什麼話，怎麼說，才能把話說好，說得動聽。

把握分寸，步步深入

一個人若想取得成功，就必須掌握說話的分寸和為人處世的技巧，這樣做起事來才能得心應手，順利地實現自己希望達到的目標。

毫無疑問，言語可以在某種程度上反映出一位領導者的秉性、素質與修養。領導者說話的分寸拿捏得好，就能給周圍的人以三思而後行、深思熟慮的感覺。

善於把握分寸，才好辦事。

一個人若想取得成功，就必須掌握說話的分寸和為人處世的技巧，這樣做起事來才能得心應手，順利地實現自己希望達到的目標。

美國史丹福大學社會心理學家弗利特曼和弗利哲兩位教授，曾對學校附近的一些家庭主婦做了一個有趣的實驗，調查在求人辦事時，怎樣才能將分寸把握得恰到好處。

他們的第一個電話打給了彼得太太：「這兒是加州消費者聯誼會，為具體瞭解消費者的情況，我們想請教幾個關於家庭用品的問題。」「好吧，請問吧！」彼得太太回答。

於是他們提出了幾個諸如府上使用哪一種肥皂等簡單問題。當然，這樣的電話，他們還打給了許多人。過了幾天，他們又打電話過去：「對不起，又打擾你了。現在為了擴大調查，這兩天我們將有五、六位調查員到府上當面請教，希望你多多支持這件事。」

這本來是件容易被拒絕的事，但最後有不少人都同意了。這是什麼原因呢？因為有了第一個電話做鋪墊。相反地，那些沒有接第一個電話，而直接在電話中接到拜訪請求的用戶，卻大多表示拒絕。最後兩位教授用百分比得出結論：前一種人中答應他們的要求將近有百分之五十三，後一種人中只有百分之二十二的人答應他們的要求。

由此可見，對人有所請託，應由小到大、由淺及深、由輕到重，如果一開始就提出太大的請求，一定會遭受對方斷然拒絕。應該拿捏好分寸，不能太急，讓別人一步一步地接受你的說法，最後答應幫你辦事。

言之有度的反面則是失當。何為失當？對人出言不遜，當眾揭人短處，還有該說的不說，不該說的說個不停，這些都是言語失當的表現。

那麼領導者應怎樣避免說話失當呢？

遠離他人隱私

談話中的敏感話題首先就是涉及別人隱私的話題，這些話題不可輕易談起。在隱私觀念日益受到重視的今天，年齡、價錢、薪酬等問題都屬於隱私的範疇。不加限制地和他人討論這些話題，很容易引起他人的反感。

爭議性話題儘量避免

在談話中，除非很清楚對方的立場，否則應避免談到具有爭議性的敏感話題，尤其是宗教、政治等易引起對立或僵持、會造成冷場的話題。過多以這些話題作為談資發表自己的看法，很容易在無形之中引起他人不悅。

他人的不幸莫追問

除非對方主動提起，否則不要和談話對象提起對方遭受的傷害。無論是過問別人的婚姻問題還是親人去世的情況，都非常容易引起別人的反感。尤其忌諱為了自己的好奇心而不斷追問，這樣只會激起對方的憤怒與反感，讓氣氛變得尷尬。

少說少管，把機會讓給下屬

團隊的領導者們應該拿捏好說話的尺度和分寸，管好自己的嘴與手，在小事上儘量少發言或者不發言。成功的領導者應該學會放手，學會少發言。

作為企業的領導者，在小事上應該少說話、少插手，適當控制自己發表演說和多管「閒事」的慾望，給予下屬更多的參與機會和自由發揮空間。

在森林裡，住著一隻見多識廣、在動物中頗有地位的狐狸。這隻狐狸常以專家自居，喜歡誇誇其談。

有一天狐狸外出時，遇到一隻從森林外走來的小花貓。交談時，小花貓很仰慕狐狸的才華，虛心向狐狸請教。

小花貓問道：「尊敬的狐狸先生，最近生活中困難不少，您是怎麼渡過的？」

狐狸說：「什麼？你這隻可憐的貓，每天只會捉老鼠，你有什麼資格問我如何生活？真不識抬舉！你學過什麼本領？說來聽聽。」

小花貓很謙虛地說：「我只學會一種本事。」

「什麼本事？」

「就是如果有隻獵狗向我撲來，我會跳到樹上逃生。」

「唉，這算什麼本領？我可是精讀百科全書，掌握十八般武藝，我還有錦囊妙計呢！你太可憐了！讓我教你逃脫獵狗追逐的絕招吧！」

恰巧這時一群獵人帶了四隻獵狗迎面跑過來。小花貓敏捷地縱身跳上一棵樹，躲藏在茂密的樹葉中。小花貓大聲向驚慌得不知所措的狐狸說：「狐狸先生，趕快拿出錦囊妙計來！」

話還沒說完，四隻獵狗已撲向狐狸，將它抓住了。

小花貓歎息道：「唉，狐狸先生，你知道十八般武藝，卻不會使一招半式。如果像我一樣懂得爬樹，你就不會落到這種淒涼的下場了！」

這則寓言警示我們，做任何事都需要真才實學與實踐能力，一味地以自己的方式指揮和約束別人並非明智的做法。

在過去，傳統的管理模式是管理者集各種大權於一身，事事親力親為，小心處理，不論大事小事都是領導者一個人說了算，這種管理模式費時費力，員工唯一的任務就是服從領導者的指示，上面傳達了任務，員工照著做就可以了，不必發揮自己的創新能力和才幹，也不用對結果負責。

而現在，先進的企業更看重團隊合作，以往那種以個人權力為中心，等級森嚴、層層壓制的管理方式，已經不再適應市場需求和時代變遷了。可以這麼說，上下級的角色正在發生改變，企業中級別的內涵和關係越來越模糊。在團隊中，領導者開始不再過分地強調自己的特權，而是強調讓員工進行「自我承諾」，從而來共同實現工作目標。也就是說，管理者已經不單純的是「集權者」或發號施令的人，他們的角色正逐漸向推動者、策劃者等方向轉變。

團隊的領導者應該拿捏好說話的尺度和分寸，管好自己的嘴與手，在小事上儘量少發言或者不發言。成功的領導者應該學會放手，學會少發言。必要的講話和叮囑當然不可或缺，然而面對一些工作中的小事應該知道放手。給別人自由，就是給自己自由；給別人減壓，就是給自己減壓。這其中的度在哪裡，言語中的界限和平衡點在哪裡，都需要領導者自己去思考把握。

少說話不等於沉默

說話水準是對思維方式、認識高度、知識底蘊等方面的綜合體現。想知道一個人的水準高低、學識深淺，只要和他說說話、談談心，立刻就能心中有數。

有些人因為話少，往往容易被一般人認為是沒有主見的「老好人」，其實這是一種誤解。在生活之中，確實有一種沒有主見的「老好人」，這類人在工作與生活中遇到問題，往往沒有特別好的見解與方法，所以他們容易被人們忽略。

但是也有另外一種情況，在大家七嘴八舌、熱烈地議論某事時，有人不急著說話，是因為覺得自己還沒有最好的「說法」，所以不發言。很多場合中，爭著發言的人所說的都是一知半解，常常是說了一大堆等於沒說，最後把自己說累了，才不再發言。有人在爭著發言時，顯得有點勉強，可他還是要搶著說，認為這樣才能顯示自己的能力。

不過也好，這些先說話的人往往會給「不說話」的人以啟發，使其思路不斷地明確和完善，等到發言時，說出的話大多能夠一錘定音。「不說話」的時刻，其實正是深入思考、整理意見的過程，是形成自己思路的過程。

還有一種情況是只有兩個人說話時，一個人的話比較少，這時往往他在聆聽。當對方在介紹什麼事或傾訴什麼事時，當長者或上級領導在做安排或指導時，安靜地聽和少說話就是理解與尊重。聆聽中以適當的身體語言和簡潔的詞語來應答或回覆，這樣的人往往是對對方的意圖理解最透徹的人。相反，那些在別人說話時不斷插話或詢問不休的人，往往是理解出現偏差的人。

說多少話，是一種選擇，也是一個人的能力與修養的表現。說話水準是對思維方式、認識高度、知識底蘊等方面的綜合體現。想知道一個人的水準高低、學識深淺，只要和他說說話、談談心，立刻就能心中有數。而沉默寡言者中也有相當一部分人是具有主見的人。

作為領導者，一定要拿捏好沉默與說話的界限，該說的話一定要說，同時也要謹記，不要隨便亂說話，這也是一種修養。

對什麼人說什麼話

古人云：「莫對失意人，而談得意事。」這句話告誡人們要看清對象再說話。

領導者想要做到講話得體、不失風範其實並不困難，只要注意以下兩個方面就可以了。

首先，講話必須注意對象。

儘管說的是同一句話，但不同的對象會產生不同的反應，甚至導致截然相反的結果。在人際交往中，作為領導者，會接觸各種不同職業、不同層次與不同性格的人，對每個人都應保持尊重。

作為領導者，對男性和女性說話要有所區別，有些可以對男性說的話，未必可以對女性說。由於性別和心理差異，男性和女性在語言反應上存在著巨大的差別，而兩者對語言的承受能力也不盡相同。所以交談時必須特別注意。

作為領導者，要注意對不同年齡的人說話要有區別。不同年齡的人，經歷不同，心態各異。對健康的中青年人提及死亡，對方不會產生什麼聯想與反感，但同樣的話若是對老年人說肯定是不妥當的，會讓對方感到很不愉快，甚至造成心靈的傷害。

作為領導者，要注意對不同文化程度的人說話要有區別。社交場合會遇到形形色色的人，他們的文化程度也不盡相同。文化水準較低一些的人，不習慣長篇大論和書面語，跟他們講話，應該爽快俐落，儘量使用好懂的口語，如果非要用特別典雅的詞句，就難以完成溝通和交流。相對而言，那些文化層次較高的人，一般喜歡聽委婉的話，不愛聽直接或不客氣的話，所以講話時必須注意自己的態度和措辭。

作為領導，要注意對不同民族的人說話要有區別。語言和文化互相依存，語言和文化也往往是一個民族特質的體現，因而可以從語言窺探不同民族在文化上的差異。人們對某種語言的理解，往往是以使用這種語言的民族文化背景為依據，而不同民族文化的差異，則會導致人們對同一句話的反應大相逕庭。

俗話說「看人說話，量體裁衣」，就是這個道理。講話的目的就是交流感情、增進理解，所以更需要針對不同的講話對象，決定表達感情的方式。

其次，身為領導者，在注意說話得體的同時，也要注意說話的策略性。

「兵無常勢，水無常形」，其實講話也沒有固定的方法。同樣的一個主題，此時此地，這樣對他人說，效果可以很好；如果時間、地點發生了變化，仍舊這樣對他人說，效果就不一定好。因此聰明的領導者知道如何制訂說話的策略，從實際情況出發，講好該講的話。

講話最主要的策略涉及如下五個方面：

第一，關於明確與模糊。

明確這個概念是相對於模糊而言的。在人際交往中，有一些特定情況可以使用含義模糊的語言，但在更多時候，確實需要人們使用語義明確的詞語。那麼，究竟何時用含義模糊的語言，何時用語義明確的語言，這就是語言表達的策略問題。一般來說，語言的使用取決於談話的目的、情境和對象。把握好了這三點，自然就會知道怎樣用語言進行交流。

第二，關於直言與含蓄。

有些人性格豪爽，這種人十分爽快，不喜掩飾，所以與人相處時也很大方，不會心懷鬼胎。有些人性格比較內向，說話委婉含蓄，一般都留有餘地，比較注意措辭的藝術，這樣的人與人相處時高雅溫和，也很討人喜歡。總而言之，以上兩種人各有所長，而面對不同的人究竟要選擇怎樣的說話模式？必須講策略。

直言不諱雖然爽朗，但容易傷害他人的自尊，也容易得罪人。通常來講，除了十分親密的朋友外，大多數人不喜歡直言不諱的說話方式，尤其是對剛剛見面的陌生人，更要保持交際禮儀，可以委婉地說「恕我直言」，然後展開話題。總之，含蓄的表達其實隱含著尊重別人的意思。委婉的話相對來說更加禮貌得體，比較有彈性和餘地，讓人聽了輕鬆自在，愉快舒暢。

第三，關於簡潔與囉唆。

毫無疑問，簡潔的語言可以增加語言的魅力，對語言的提煉其實是邏輯思維能力的一種表現。正如莎士比亞所說：「簡潔是智慧的靈魂，冗長是膚淺的藻飾。」語言簡潔也能表現一個人的性格，果斷、自信心強的人說話絕不會拖泥帶水，而是斬釘截鐵。但是領導者也要注意，說話做到簡潔很有必要，但簡潔不是簡單，要言不煩，要能夠一語中的，簡潔的話語比長篇大論更有效。當然，做到簡潔不是一件容易的事。

第四，欲揚先抑。

欲揚先抑的目的在於以言外之意間接表達出自己真正的想法，這種說話方式的巧妙之處在於發言者可以迴避正面的衝突與問題，在保持緘默的同時巧設迷思，促使對方主動連續發問，而自己能夠在對方的發問之中得到間接的回答，幫助自己思索，從而解決最終的問題。領導者在進行講話、談判或者與其他人交涉時，先說與後說、說話與沉默，在表達語意和效果上是有很大差別的，因此領導者在講話前必須深思熟慮。

第五，關於先說與後說。

先說後說看似是順序問題，其實兩者在表達語意和效果上有極大的差別，所以必須認真考慮說話的順序。某件事先說還是後說，可以體現出領導者的思維模式和他想表達的思想觀點及其內在邏輯。

語言含蓄，為下屬留面子

大千世界是紛繁複雜的，人們總會遇到一些不便直接說出自己觀點或事情的場

合，因此要學會運用含蓄表達心意的語言技巧。

當不能肯定自己的某些要求和意願是否合理、別人是否支援時，借助含蓄語言可以幫助你維持風度，避免尷尬，在話語交談之中取得成功。

查理斯・史考勃有一次經過他的鋼鐵廠，當時正是午休時間，他看到幾個工人正在抽煙，而在他們頭上，一塊大招牌上面清清楚楚地寫著「嚴禁吸煙」。史考勃沒有指著「嚴禁吸煙」的牌子大聲呵斥，而是朝那些人走過去，友好地遞給他們幾根雪茄，對他們說：「諸位，如果你們能到外面去吸這些雪茄，我真是感激不盡。」大家一聽，馬上意識到是自己違反了廠裡的規定，於是都將煙頭熄滅了。史考勃的批評是含蓄地表達出來的，而且充滿了人情味，因此這樣的批評使工人們願意接受。

大千世界是紛繁複雜的，所以人們總會遇到一些不便直接說出自己觀點或事情的場合，這就要求說話的人必須掌握含蓄表達心意的語言技巧。

一般人尤其重視「面子」問題，領導者在與下屬溝通交流時也要注意這一點，尤其是在批評與否定他人時。直接的批評往往不是最明智的做法，不給他人面子，也傷害了別人的自尊；相反地，運用含蓄的語言進行委婉的批評，既給被批評者留了餘地，又能用間接的話語起警示作用，也給予下屬冷靜思考、自我完善的機會。尤其是對性格內向、自尊心強的員工，或是那些工作中偶有疏忽就敏感多疑的人，領導者含蓄地表示批評的意思，就能達到談話的目的。

話不能隨隨便便地說

說話是一種藝術，需要用一定的技巧去表現。一個人會說話，首先得會傾聽，不會傾聽的人肯定也不會說話。

在工作和生活中，我們必須充分利用語言作為交際工具來說服他人，促成工作順利進行。作為領導者，不妨從以下幾個方面審視一下自己，總結一下談話中都應該注意哪些事項。

會說話，首先要會傾聽

說話是一種藝術，需要用一定的技巧去表現。一個人要會說話，首先得會傾聽。發表意見的前提是要聽清對方的話，考慮對方的心意，做到坦白直率，細心謹慎。這些都要求在說話之前先弄明白別人的意思，把握別人的想法。

要說話，先動情

白居易說：「動人之心者莫先於情。」一個人如果感情不真切，是逃不過聽眾的耳朵的，更不能打動聽眾的心。

一八五八年，美國著名政治家林肯在一次競選辯論中說：「你能在所有的時候欺瞞某些人，也能在某些時候欺瞞所有的人，但不能在所有的時候欺瞞所有的人。」這句著名的政治格言成了林肯的座右銘。第二次世界大戰期間，年近七十歲的英國首相邱吉爾在對秘書口授反法西斯戰爭動員的演講稿時，淚流滿面哭得像個孩子一樣。他的這次演講動人心魄，極大地鼓舞了英國人民反法西斯的鬥志。

不要把「我」掛在嘴邊

亨利．福特曾說：「無聊的人是把拳頭往自己嘴裡塞，也是『我』字的專賣者。」

如果一個人在說話時，不考慮傾聽者的情緒和感受，只是一個勁兒地說自己怎樣怎樣，這樣必然會引起對方的反感。其實談話就如同駕駛汽車一樣，開車必須隨時注意交通標誌，說話則必須隨時注意傾聽者的態度與反應。一味地以自我為中心，必然會招致他人的反感。

不要隨意打斷別人

別人談話時有打岔習慣的人最容易惹人厭煩，這是缺乏禮貌的表現。沒有什麼比打斷別人說話更讓人難以忍受。比如在別人講話時不要打岔，不要提出不相干的意見來打岔，更不要用雞毛蒜皮的小事來打岔。總而言之，儘量不要打斷別人的話。除非某個人的講話成了「懶婆娘的裹腳布——又臭又長」，把時間拖得太久，或者講話者口出狂言、旁若無人時，打岔才有必要。

不要讓他人感到不安

在日常交往中，我們必須注意，不要企圖窺視和揭露他人的隱私，更不要去攻擊別人，這不僅是談話交流，更是與人交往的基本準則。談話時首先要做到尊重對方，其次才能說到誠懇，乃至設身處地替他人著想。而且談話時必須掌握好分寸，避免說可能傷害別人的話語。即使對方確實有缺點，也不能抓住不放，抱怨個不停。恰當的做法是適可而止地委婉批評。

總之，不論談話的主題是什麼，只要做到尊重別人，就能得到友善的回應。

不要小看視線的力量

談話時忽略他人，就如同宴會時趕走客人一樣荒唐。講話的一個要點就是千萬不要遺漏任何人，讓你的雙眼環視著周圍每一個人，形成短暫的對視，注意他們的面部表情和對你談話的反應。要想使所有人覺得你的談話充滿熱情，洋溢著自信，就不要把人晾在那裡。

第三章

讚美藝術：像陽光一樣溫暖他人

讚賞要有技巧

朋友的讚美，可以使相互之間的關係更親密；同事的讚美，可以使相互之間的關係更和諧；對下屬進行讚美，可以使上下級關係更融洽。

讚賞是一門藝術，同時也需要技巧。讚美的技巧包括：

明確讚賞的具體行為

讚賞的目的不明，會使人對你的讚賞不理解，不知道領導者誇獎的到底是什麼。含糊其辭的讚賞反而會引起誤解，還可能會被認為是花言巧語。

讚美要真誠

讚賞必須真誠，必須發自內心，說的是肺腑之言。只有真誠的讚賞才會被接受和理解。虛情假意、應付式的讚賞很容易被人識破。讚賞只有兩種結果：一種是被肯定，被接受；另一種是被否定，甚至會被認為是虛偽的。

讚美後面不要接「但是」

讚賞後面不要直接跟著說「但是」，讚賞後接著批評，就表示前面的讚賞不是真心的，而是為批評而刻意設置的。就算領導者的意圖是這樣，也要用更高明的方式體現。

語言要自然流暢

讚賞語言不自然、不流暢，會讓人覺得並非出自真心，不是內心的真實想法，而是隨意應付的產物。

讚賞用語要適當

讚揚不可言過其實，要在實事求是的基礎上進行表示，否則會被誤解為別有用心。這一點領導者尤其要注意。

善於發現下屬身上的閃光點

相信大家都知道千里馬與伯樂的故事，要學著去發現別人身上的閃光點，肯定別人。

在工作中，很多領導者只看到了少數有出色表現的下屬，然後將自己的溢美之詞一股腦地給了這類人。但是還有一大部分人，也就是大多數表現得並不出色的下屬，儘管他們也在辛勤地工作，卻沒有取得讓人矚目的成績，往往不受重視，甚至被徹底忽略。久而久之，這些員工越發沒有自信，離成功也越來越遠。

所以如果領導者能做到「眼觀六路」，看到所有人，然後適當地鼓勵或者肯定一下表現並不十分出色的下屬，他們肯定會恢復自信，加倍努力地工作。

古往今來，人們常說勝者為王，敗者為寇。成功者因為付出的汗水和心血比別人多，理應得到讚揚和掌聲，這無可非議。但是那些失敗和落魄的人呢？他們也一樣曾為了目標而艱辛地努力，也許他們付出的並不比別人少，甚至比成功者還多，但總是因為這樣或那樣不可預知的原因，屢屢與成功失之交臂，那麼他們的付出，是不是也該得到回報呢？是不是更值得鼓勵呢？領導者應當好好考慮一下這個問題。

讚美要實事求是

古話說「譽人不增其美」，是說對被表揚者的優點和成績應如實地評價，不縮

小、不誇大，有幾分就說幾分，不能「事實不夠筆下湊」，添枝加葉地肆意美化。

表揚不實事求是，於被表揚者無益，會使其產生盲目的自我陶醉情緒，以為自己真的那麼能幹，那麼才華橫溢，這反而損害了被表揚者謙虛努力的工作態度。其他人則會議論紛紛，久而久之，下級之間就會滋生出只圖虛名的不健康風氣。而且當大家看到小有成就可以得到極高的讚揚時，便會動搖腳踏實地工作的信念，浮誇造假、沽名釣譽，只為得到領導者的讚揚。本來作為激勵手段的讚揚，就被異化和極大地扭曲了。

所以肯定和表揚下級，不可套用範本或是任意拔高，否則不僅於事無益，還會損害領導者的名聲。

要實事求是地表揚下屬，還要求領導者在確定表揚對象的時候做到公平合理。表揚誰不表揚誰，應完全根據下屬的實際表現來定奪，而不應受到領導者個人喜好、與領導者的親疏關係的影響。

「把粉全往一個人臉上擦」的做法，必然「高興一個人，冷落一群人」，會引起群眾的不滿，影響集體內部的團結，被表揚者也會被孤立和冷落。

困境中的下屬更需要讚美

對於那些成績顯著、屢次獲獎的下屬而言，多一次表揚不會產生太大的作用，而對於身處困境、很少得到關注的下屬，表揚很可能就是他人生的轉捩點，對他意義非凡。

人處於困境的時候，心靈往往是脆弱的，這時更加需要溫暖的鼓勵。《戰國策》中記載了這樣一個故事：

中山國國君宴請群臣，有位大夫司馬子期在座，只有他未分得羊肉羹。司馬子期一怒之下，就勸說楚王攻打中山國。中山君被迫逃走，這時他發現，有兩個人拿著戈跟在他後面，寸步不離地保護他。中山君回頭問這兩個人說：「你們是幹什麼的？」那兩個人回答說：「我們奉父親之命，誓死保護大王。」

中山君很奇怪，問道：「你們的父親是誰？」兩人回答說：「大王您可能忘記了，我們的父親有一次快餓死了，您讓人拿了一碗飯給他吃，救活了他。父親臨終前囑咐我們，中山君如果有難，一定要盡全力報效。所以我們拼死來保護您。」

中山君感慨地仰天而歎：「給予不在於多少，而在於是否正值別人困難時；怨恨不在於深淺，而在於是否傷害了別人的心。我因為一杯羊肉羹而逃亡國外，也因一碗飯得到兩個願意為自己效力的勇士。」

中山君的話說明了一個深刻的道理，就是雪中送炭的作用。領導者表揚困境中的人，勝於表揚那些本來就萬事順利的人。因為對於那些成績顯著、屢次獲獎的下屬而言，多一次表揚不會產生太大的作用，而對於身處困境、很少得到關注的下屬，表揚很可能就是他人生的轉捩點，對他意義非凡。

所以說，作為領導者，必須要細心並耐心地體察身處困境的下屬，適時地給予關注和稱讚，只需付出一些關懷，就能換到下屬的忠誠，何樂而不為？

在眾人面前不要對某一個人大加誇讚

領導者稱讚下屬時，必須注意避免在眾人面前大加稱讚，以免給他造成不安。

在大的場合中提幾句就可以了，更多表揚的話語，可以留到私底下說或在小範圍內說。

在很多單位，職工的工資和收入都是相對穩定的，人們不必在這方面多花費心思。相反地，人們很在乎自己在領導者心目中的形象，對領導者對自己的看法非常敏感。領導者的表揚往往具有權威性，是員工判斷自己在單位裡的價值和位置的重要依據。

其實員工在認真地完成了一項任務或做出了一些成績的時候，雖然他表面毫不在意，心裡卻默默期待著領導者能給予自己一些表揚和鼓勵。而領導者一旦沒有關注或沒有給予公正的讚揚，他可能會產生一種挫折感。

領導者稱讚下屬，可以公開進行，也可以私下鼓勵和肯定。但如果在眾人面前對一個人大加誇讚，也可能會給這位榜樣人物帶來某些麻煩和困擾，作用適得其反。

很多領導者往往有一種錯誤的認識，以為在眾人面前使勁兒誇讚某個下屬，那個人會心存感激，其實不然。領導者在眾人面前過分稱讚某一個人的做法，會使很多人因嫉妒而產生不快，被稱讚的人也會感到不安。領導者稱讚得越多，表現得越高調，周圍人的妒忌就會越強烈。如果恰好稱讚還有些言過其實，會使其他員工怨恨領導者，看不起領導者，直至懷疑領導者稱讚的真實性，懷疑領導者別有用心。

聰明的職員在被當眾稱讚時，通常說聲表示感激的「謝謝」，就趕緊離開或是低調地不再說話。這與其說是害羞，倒不如說是不能習慣周圍人火辣辣的忌妒的目光。

所以領導稱讚下屬時，必須注意避免在眾人面前大加稱讚，以免給他造成不安。在大的場合中提幾句就可以了，更多表揚的話語可以留到私底下說，或在小範圍內說。

畢竟，競爭意識人人都有，每個人都難免自覺或不自覺地把自己和他人進行比較，所謂的優越感和自卑感也就因為這樣的比較而產生。因此領導者過度地稱讚別人，就有可能強化這種競爭意識，產生嚴重的後果。

倘若被稱讚的人不在場，領導者也要有所考慮，這時候也需要照顧在場的人的顏面和心理感受。如何才能將沒被表揚的人的心情照顧到呢？這不是一件容易的事。與其造成一些不必要的麻煩，倒不如先不進行這樣的稱讚。領導者只要心裡有數，不妨對當時的在場者給以適當的慰勉，這也不失為明智之舉。

第四章

批評藝術：良藥治病不苦口

對不同的人使用不同的方法

當領導者發現下屬的觀點不對時，便要指出下屬的錯誤，對下屬進行批評。但批評要講究方法，對不同的人應該使用不同的方法。

批評下屬時應因人而異，綜合考慮被批評對象的具體情況。有這樣一個例子：

某紡織廠的小趙和小吳，在同一個工廠工作，小趙比小吳早兩年進廠。在生產操作中，他們都出現了錯誤，而且所犯錯誤都是相同的。

工廠張主任針對這樣的情況，對兩個當事人採取了不同的批評方式。因為小趙是老員工，所以他狠狠地批評了小趙一頓，但對小吳只是指出了他操作不當，還安慰他不要性急，要慢慢學習，熟悉工作。

小趙很不服氣，找張主任提出意見。張主任對他解釋說：「這種錯誤出現在你身上是不應該的，你是一個老員工，對操作不能說不懂，更不能說不熟悉工作，出現錯誤其實是你工作態度的問題。而小吳是新來的，犯錯誤的性質和你不一樣，你說是不是？」小趙聽了張主任的話變得沉默了，他默默地接受了批評。

由此可見，就算是同樣的錯誤，發生在不同人的身上，其實也是有各種各樣的差異的，所以領導者批評別人的時候必須能夠做到因人而異，對待不同的人採取不同的方式，如果採取的方式不妥當，很可能無法達到批評的目的，還會產生一些不良的後果。

對不同年齡的人要採用不同的批評方式

領導者在進行批評之前，首先需要確定的是對方的年齡及資歷。對於那些年齡比自己小、資歷尚淺的人，領導者可以選擇用開導性質的語言讓他加深對錯誤的認識，在批評中學到知識，提高工作能力。

對於年紀和領導者相仿的同齡人，相對來說共同點比較多，交流起來也沒有代溝，所以雖然是批評，但是交談也可以相對自由，領導者可以直白地表明態度，指出問題，進行良好的溝通。

最後是那些老同事，他們年紀大、資歷深，往往是公司或單位的骨幹。如果這些人犯了錯誤，領導者要進行批評，就得十分謹慎。一般來講，領導者最好採取商量的口氣，要表現出應有的尊重，不能隨意地掀桌子發脾氣，對於問題也只須點到為止。因為老同事往往很清楚毛病在哪裡，不需要多說。在談話時，領導者要注意稱謂，對年長的人應加上一些敬語，表達自己的尊重。

總而言之，不同年齡段的人的特點各不相同，所以聰明的領導者一定要區別對待，對不同的人選擇不同的方式，才能收到良好的效果。

對不同崗位的人要採用不同的批評方式

在同一家公司中，針對不同崗位的人，有不同的批評方法。比如說，對工作中的老手和初學者，要求必然不一樣，所以批評也不同；對於從事簡單工作的人和複雜工作的人，由於工作性質不一樣，批評的方法也有所不同；對於擔任某方面具體負責的人和一般的工作人員，更不能用一樣的方式來批評。

對不同閱歷的人要採用不同的批評方式

對待那些不同閱歷的人，如何運用恰當的語言，讓他們接受批評而又不會產生抵觸情緒，確實是一門藝術。面對閱歷深的人，領導者要做的只是講清楚道理，沒必要長篇大論，對方就可以心領神會。相反地，對於閱歷淺的人，批評的時候則可以多說一點兒，除了講清利害關係以外，還要分析情況，分析對方為什麼會出錯，怎麼才能避免出錯，把批評上升到傳授經驗和知識的層面上。

欲抑先揚，更容易讓人接受

在批評別人時，先找出對方的長處進行稱讚，然後再提出意見，最後使用一些鼓勵性的話語來收尾，這種辦法會使人認為你的批評是公正和客觀的。

在提出意見前先表揚對方，以表揚來營造批評的氛圍，能讓對方在愉悅的情緒中接受批評，至少不是備受打擊。人們在聽到別人對自己的某些長處表示讚賞之後，即使再聽到批評，心裡往往也會好受一些。

三國時期，曹操準備鎮撫關中以後，就班師洛陽。可是關中某地豪強許攸拒絕歸降曹操，還說了許多謾罵曹操的話，曹操大怒，準備下令征討許攸。

群臣紛紛勸曹操用招撫的辦法使許攸歸降，以便集中力量對付吳、蜀軍隊的侵擾。可是曹操絲毫聽不進去，而且橫刀膝上，群臣嚇得不敢作聲。

丞相府長史杜襲上前勸諫，曹操截住他的話說：「我的主意已定，你不要再說了。」

杜襲問道：「主公，你看許攸是個什麼樣的人呢？」

「不過是個匹夫罷了。」曹操怒氣衝衝地說道。

杜襲說：「對啊，只有賢人才瞭解賢人，聖人才能理解聖人。像許攸這樣的人，怎麼能瞭解您的為人呢？所以您犯不著跟他生氣。現在大敵當前，豺狼當道，您卻要先打狐狸，人們會議論您避強攻弱。這樣的進軍算不上勇敢，收兵也算不上仁義。我聽說力張千鈞的巨弩，不會對小老鼠發射；重逾千斤的大石，不會因小草棍的敲打而發出聲音。一個小小的許攸，哪值得勞您大駕呢？殺雞豈能用牛刀？」

曹操聽了這番話，覺得很入耳，便爽快地接受了杜襲的勸告，以優厚的條件去招撫許攸，許攸果然歸降了。

所以說，與其直言批評，不如先讚揚，往往能達到一定的效果。

柯立芝任美國總統期間，一天對女秘書說：「你今天穿的衣服很漂亮，你真是一位年輕迷人的小姐。」女秘書受寵若驚，因為這可能是沉默寡言的柯立芝對她的最大誇獎了。但柯立芝話鋒一轉，又說：「另外，我還想告訴你，以後抄寫文件時，要注意一下標點符號。」

這實際上就是一種欲抑先揚的批評方式——在批評別人時，先找出對方的長處進行稱讚，然後再提出意見，最後使用一些鼓勵性的話語來收尾。這種辦法會使人認為你的批評是公正和客觀的，表明被批評者自己有過失，也有成績。這就減少了因批評所帶來的抵觸情緒，能夠收到良好的批評效果。

此外還有一點，人們在聽到「但是」兩個字後，很可能會懷疑原來的讚美之詞，會覺得讚美是引向批評的前奏。如此一來，讚美的真實性就大打折扣了。但這個問題可以用圓潤的措辭來彌補，比如在批評小孩子數學成績不好時，可以這麼說：「你的成績進步了，我們很高興。只要在數學方面繼續努力，下次分數就會更好的。」這樣的說法就很容易被對方接受。

用委婉的說法指出對方的錯誤

通常情況下，人們如果做錯了事，自己心裡明白，內心深處一般會進行自我反省，覺得抱歉、恐懼或不知所措。這時領導者如果用委婉的語氣含蓄地批評，會產生很好的效果。

聰明的領導者在批評下屬時，都會保持溫和的態度，採用委婉的方法來指明對方的錯誤，因為他們知道迂迴指責勝過當面批評。

下屬犯了錯，當領導者的一味地批評、說狠話，總是數落下屬「你怎麼這麼馬虎」、「做事為何這麼不仔細」等，是十分不妥的，而且效果很差。

通常而言，人們如果做錯了事，自己心裡明白，內心深處一般會進行自我反省，覺得抱歉、恐懼或不知所措。這個時候領導者再批評或指責他，他就會羞愧難當，甚至從此一蹶不振、喪失自信。

所以如果領導者用委婉的語氣含蓄地批評，就會產生很好的效果。犯錯誤的一方不僅會感激領導者的信任和體諒，還會感受到領導者的真誠，更重要的是有了改正錯誤的信心和意願。於是，他會在今後的工作中小心謹慎，儘量不再犯類似的錯誤，甚至還自覺地反思自己其他的失誤和不良習慣，並適時糾正行為，改正缺點。

用調侃的方式委婉地批評

用調侃的方式委婉地批評，既能起到批評的作用，同時也不傷對方面子。

有這麼一位教師，他的批評方法就像是一種藝術。

在一次數學考試之後，他發現班上女生普遍考得比男生好，就在班會上給大家講了下面這個故事：

昨天我做了個夢，夢見我的老師在課堂上問我，來生是要當男生還是當女生。我就回了一句「當女生」。我的老師就問我：「為什麼？」我說：「男生與女生下棋時，要是女生贏了，她就會立刻被大夥稱為才女；要是輸了，人們也不會責怪她。可男生就慘了，要是他贏了，肯定沒人說他是才子；可要是輸了，人們就會說他是一個大草包。你們看看，男生虧不虧！」

聽到這個奇怪的夢，大家全都笑出了聲。接著老師又從容地說：「不過今天我不說夢，而是要表揚我們班的女生。為什麼？因為她們考得好，超過了男生！這說明，不僅下棋，考試也一樣，才女特別多！因此我既要為我們班才女的勝利而驕傲，也要為我們班才子的謙虛而驕傲！」

話音剛落，同學們又一次笑了。女生們笑，是因為老師在誇她們；男生們笑，則是因為老師的調侃，其實是對他們的一個極巧妙的批評。

當領導者將自己的批評隱藏在玩笑背後，用調侃的方式來委婉批評他人時，只要運用恰當，就會起到意想不到的效果。

批評下屬要注意場合

批評下屬必須注意場合，不能像潑婦罵街一樣大肆張揚，唯恐別人不知道，這樣會傷了下屬的面子和自尊心，也破壞了領導者的形象。

穿衣要看場合，批評也要看場合。不注意場合，隨意批評人往往達不到預期的效果，有時還傷了下屬的面子和自尊心，也破壞領導者的形象，降低了領導者的威信。

小玉是一位剛剛畢業的大學生，從小嬌生慣養。大學畢業後，小玉到台北的一家單位工作，與她一起來的還有幾個和她要好的同學，由於他們所學專業都是一樣的，公司將這幾個學生都安排在同一間辦公室。

隨著工作越來越深入，小玉感覺壓力越來越大。有時候上班的時候，小玉會用方言同其他幾位同學聊幾句，同學們也會用方言回應，這樣難免打擾其他同事的工作。有一次，小玉同樣用方言和一位同事說話的時候，坐在小玉對面的劉組長實在忍不住了，她啪的一聲將滑鼠砸在桌子上，大聲嚷嚷著：「上班的時候不要說方言，要說的話出去說。」小玉回答：「我只是跟他們打個招呼而已。」這句話惹怒了劉組長，劉組長生氣地一把抓住小玉的胳膊說：「我教你是為你好，難道你父母沒教過你啊，對待長輩要尊重……」接著又是一連串的「炮轟」，一直罵到小玉哭了，她才停下來。

辦公室裡出奇的安靜，只聽見小玉哭的聲音，所有的同事都心驚膽戰，生怕劉組長將怒火轉移到自己身上。

批評下屬必須注意場合，不能像潑婦罵街一樣大肆張揚，唯恐別人不知道。大部分人都不希望看到上司斥責下屬，不願看到自己的同事被斥責。當然，也有一小部分人會幸災樂禍，但絕大部分人還是會站在被責罵者一邊的。

有的領導者喜歡在眾人面前斥責下屬，這並非出於氣憤，而是想經由這種方式向上級、客戶或其他人表明某件事出了問題不是自己的錯，而是由於某個下屬辦事不力而造成的。事實上，這種做法很幼稚，既然身為領導者，就得對職責內的所有事務負起責任。一味強調自己不知情，只會給人造成刻意掩飾的感覺，同時暴露出自己管理不力。更嚴重的是推卸責任的行為會讓其他下屬心寒，一味地把責任往下屬身上推，拿下屬做擋箭牌，毫無疑問，以後大家可能對工作不再熱心，遇事能躲則躲。

所以在發生問題時，領導者即使確定是下屬犯的錯，也應該把他叫到辦公室，在沒有協力廠商的情況下進行批評教育。

在比較中說明問題

俗話說「有比較才有差別」，善用對比的方法，可以讓雙方的差異更加明顯，給差的一方以更強烈、更深刻的印象。

胖與瘦、高與矮、善與惡、優與劣、大與小、美與醜的差距，在對比中立見分曉，十分鮮明。在對比中，有差距的一方會認識到自己的不足之處，從而鼓足勇氣，想早日趕上先進者。所以有的時候對比式的批評法也能奏效。

為了保持隊員的戰鬥力，某女排隊每隔幾年就要調換一批隊員。而每次隊伍調整後，都會遇到怎麼處理新老隊員關係的問題。

在一次訓練的過程中，某位老隊員與當時的新二傳手練戰術配合。這時不是新二傳手高了，就是老隊員跑快了，總之就是協調不起來。原定的訓練時間眼看就要結束，可訓練指標還是沒有完成。老隊員顯得有點不耐煩，在一次扣完球去撿球時，拿起球就使勁踢了一下。新二傳手看到後壓力更大了，在接下來的時間內，無論怎麼傳球都傳不好。

教練見此情景，就吹哨子讓大家停止，把隊員們叫過來，對老隊員說：「你們好好想一想，當年老隊員是怎麼帶你們的。現在，你們自己又是怎麼帶這些新隊員的？」

老隊員很快清醒過來，並調整了自己的情緒。新二傳手見教練批評了老隊員，支持了自己，也不覺得緊張了。繼續練球時，新二傳手越傳越順，和老隊員配合得很協調。

所有人都知道，「老人帶新人」是排球訓練中用以提高技巧的卓有成效的方法。但是新老隊員之間需要磨合，協調配合的問題該如何解決？必須做到配合默契、協調一致，才能取得好的效果。

所以對於教練來說，在新老隊員剛剛接觸、配合不到位的問題出現時，必須注意根據情況做出指導，一面調動老隊員的積極性，一面增強新隊員的自信心，還要注意在調動積極性和增強信心的同時，不能傷害隊員的情感。在上面的例子中，教練就充分意識到了這個問題，所以他沒有直接批評有資歷的老隊員，而是用對比的方式，委婉而且十分溫和地對老隊員進行了啟發：「當年老隊員是怎麼帶你們的？」

也正是這樣的方式，讓老隊員很快就意識到了自己的問題，意識到了自己的急躁和不耐心會帶來怎麼樣的結果，「響鼓不用重槌」，老隊員主動調整了情緒，耐心而和善地和新隊員一起研究與訓練，最終渡過了磨合期，越打越順利，取得了很好的訓練成果。試想一下，如果教練選擇直接狠狠批評老隊員沒耐心，不給這些老隊員留面子，很有可能讓他們不高興，甚至產生抵觸的情緒，從而沒有辦法好好訓練，最終影響訓練的過程與效果。

俗話說：「有比較才有差別。」善於運用對比的方法，可以讓雙方的差異更加明顯，給差的一方以更強烈、更深刻的印象。所以在批評或說服他人時，要善於對不同對象進行比較，在比較中說明問題、闡明觀點。這樣，就算不直接說對方不好，批評也會很有力量，被說服者或被批評者也能認識到自己的不足，趕緊迎頭追上。

批評與讚美雙管齊下

在討論問題、指出不足的過程中，不要忘了讚美別人，而且要以友善的口吻來結束批評。這樣處理問題，不會引起對方的反感。

有一些管理者，在管理企業的過程中，可能存在這樣一種意識：管理者的工作就是挑下屬的錯，然後再花時間糾正他們，批評他們。

其實如果一個管理者經常重複做這樣的事情，很可能會導致這樣的結果：下屬索性爛到底，上下級互相怨恨，兩敗俱傷。

讚美是十分合乎人性的領導法則，適當而得體的讚美，會使員工感到很舒心、很快樂，覺得自己被重視和信任。而領導者則會得到意想不到的回報，當下屬或員工感到自己的表現受到肯定和重視時，他們會以感恩之心工作，從而表現得越來越出色，更加努力地做事，為公司創造更大的業績。

一個明智的管理者，不會錯過任何機會讚美他的下屬，也從來不會對讚美下屬感到厭煩。讚美下屬可以用真誠的微笑來表達，要記住微笑的力量無堅不摧。當然，最直接的方式還是用讚美的語言直接傳達對下屬的肯定。

領導者可以從下面幾個方面來努力提高讚美他人的語言表達能力。

首先，在讚美之前，應該培養自己關愛、欣賞下屬的心態，要懂得隨時隨地發現別人的優點，找到別人的閃光之處。這樣在讚美別人的時候，才能真切地說出別人確實值得讚美的閃光點。

其次，讚美要做到真誠，不可以虛情假意地說些面上的話，這樣起不到讚美的效果。讚美的眼神和肢體語言，可以讓讚美更具有感染力，更有誠意。

再次，就是讚美員工的優點必須做到及時，隔了很久才去稱讚一個人，其實早就失去了稱讚的意義。一定要在最短的時間內，就讓下屬知道領導者為他們感到自豪。

最後，要講究讚美的表達技巧，注重表達技巧可以讓讚美之詞效果更佳，為讚美錦上添花。

當然，不要總挑下屬的錯，並不是說永遠不能批評他們。下屬重複犯錯時，作為一名管理者如果不適時對其進行批評，就是在縱容下屬犯錯誤，這是相當不智的。所以在批評下屬時，要特別講求技巧，否則會適得其反。

那麼怎麼做可以正確而有效地達到批評的目的呢？下面的幾個方法可供參考：

首先，必須做到批評對事不對人。下屬犯了錯誤，需要進行批評，但是領導者要注意，不要把批評某事變成人身攻擊，不可以轉移到批判員工的人格上來。就事論事，下屬的工作出現問題，就說工作，不可以東拉西扯，不尊重員工人格。

其次，讓下屬明確自己錯在哪裡。批評必須有的放矢，否則領導者說了半天，下屬還是沒明白自己到底錯在哪裡，不知道為什麼被批評。領導者必須讓別人知道，錯誤本身不是不可原諒的，關鍵是要知道問題的癥結到底在何處。只有這樣，才有利於下屬改正錯誤。

再次，不可在公開的場合進行批評。人都是有自尊心的，在公共場合批評下屬，是對下屬自尊心最大的打擊，作為領導者，必須避免這一點。這樣做不但起不到批評的作用，還會激起下屬的怨恨。其他員工看到領導者這樣不給別人面子，也會對領導者產生不滿情緒。

最後，批評和讚美要雙管齊下。在討論問題、指出不足的過程中，領導者不要忘了讚美別人，而且要以友善的口吻來結束批評。這樣處理問題，就不會使對方覺得受到無情的責難，也不會引起對方的反感。

總之，作為一名成功的管理者，對下屬的過錯不可以「咬定青山不放鬆」，一點兒餘地不留地抓著不放，但也不可以聽之任之。最智慧的做法是對下屬多讚美、少批評，最好讚美時在眾人面前，而批評時單獨進行。這樣做才能讓自己的身邊聚攏更多的追隨者，才能取得管理的成功。

批評不要太直接

在批評一個人的時候，切忌太直接，這樣不僅會顯得十分生硬，而且讓被批評

者感到無所適從。

在與不同的人交往的過程中，不少人常常會標榜自己是「直腸子」，有話直說，說到做到。

其實在很多時候，人與人之間的語言交流，常常是「曲則全」，不管不顧、直話直說效果是最不好的。

大家都知道，唐朝名相魏徵以直言善諫聞名於世，其實他在批評唐太宗時也很善於運用含蓄的方法。

有一天，有人送給唐太宗一隻鷂子（雀鷹），唐太宗非常高興，托在手臂上賞玩。見魏徵進來，唐太宗怕他看見，趕緊把鷂子揣到懷裡。其實魏徵早已看見了，只是故意不挑明，奏事時慢條斯理，有意拖延時間。結果等魏徵走了，鷂子也悶死在唐太宗的衣服裡了。

在這裡，魏徵就採用了含蓄的方式，不露痕跡地批評了唐太宗玩物喪志的行為。

在批評一個人的時候，切忌太直接，這樣不僅會顯得十分生硬，而且讓被批評者感到無所適從。所以領導者在批評別人時，可以含蓄地表達自己的意思，這樣的方式反而成了社交場合中提出意見、批評他人的妙招。

使用這種方法，可以避免因盡露鋒芒給對方造成過大的傷害，讓對方產生抗拒心理，也能避免針鋒相對的矛盾，還能夠啟發對方進行思考，讓對方在細細斟酌之後，體會其中道理，理解和接受和批評，進而改正錯誤，從而收到了「言有盡而意無窮」的良好效果。

批評過後要適時安撫

如果領導者必須批評下屬，一定要在可能的範圍內，最大限度地替對方保留顏面，之後也要適時安撫，讓對方產生被重視和信任的感覺。

在工作之中，領導者難免要批評別人。如果真的出現了非批評下屬不可的情況，最好能同時準備點兒甜頭，讓被批評者即使一時感到非常痛苦，之後卻能理解領導者的苦心。

松下電器公司的創始人松下幸之助，除了在企業經營方面有獨到的經營哲學外，還善於用人，即使是批評員工，也能使員工心服口服。

三洋電機的副董事長後藤清一曾任職於松下公司。有一天，後藤清一因為犯了錯，被叫到松下幸之助的辦公室接受訓話。松下幸之助見到後藤清一後，怒火猶如火山噴發，非常生氣地斥責了後藤清一。由於過於激動，松下幸之助甚至用手上拿的打孔機敲桌子，把打孔機都敲歪了。

松下幸之助心情恢復平靜之後，對後藤清一說道：「很抱歉，剛才我太生氣了，所以把打孔機敲歪了，你可不可以把它扳正呢？」

後藤清一挨罵後，原本十分惱火，只想趕快離開董事長辦公室，但無奈之下只好接受要求，拿著打孔機在一旁敲敲打打，慢慢地將它扳直，他的心情也逐漸地恢復了平靜。

松下幸之助對後藤清一稱稱讚道：「你做得很棒，打孔機簡直跟原先的一模一樣！」

後藤清一離開後，松下幸之助悄悄地打了個電話到後藤清一的家裡，對後藤清一的太太說：「今天你丈夫回家後心情可能不太好，麻煩你多安慰他。」

當後藤清一帶著滿肚子的委屈回到家時，原想告訴太太自己打算辭職不幹，沒想到董事長卻早已事先交代安撫措施，讓後藤清一更加佩服松下幸之助。

松下幸之助的高明之處在於他在批評時掌握了分寸，讓員工體會到了愛之深、責之切的心情，從而更加心甘情願地工作。

所以如果領導者必須批評下屬，一定要在可能的範圍內，最大限度地替對方保留顏面，之後也要懂得適時安撫，讓對方產生被重視和信任的感覺，這樣才能在事情發生之後還能維護良好的關係。

有些批評不必把話挑明

批評的話語絕對不是不假思索隨口說出來的，領導者在批評他人之前必須思考，該以什麼方式把批評的話說出口，才能做到不令對方難堪。

大多數人都是要面子的，所以批評應該點到為止，不用太露骨。只要稍做暗示，旁敲側擊，大家就會明白，下次不會再犯。而且這種批評方式也能顯示出批評者說話的技巧和魅力。

有這樣一個故事，有一次在宴會上，一位身材肥胖的夫人坐在身材瘦削的蕭伯納旁邊，帶著嬌媚的笑容問道：「親愛的大作家，你知道有什麼辦法能阻止人變胖嗎？」蕭伯納鄭重地對她說：「有一個辦法我是知道的，但是無論我怎麼想，也無法把這個詞『翻譯』給你聽，因為『幹活兒』這個詞對你來說，簡直是外語呀！」

蕭伯納這種含蓄委婉的批評，比直接對那位夫人說她太懶效果好得多。最為高明的批評方法是根本不用批評兩個字，而是逐漸「敲醒」聽者，啟發他做自我批評，自我反省。

某單位幾位老同事反映，晚上住在宿舍樓上的年輕人不注意保持安靜，老同事在樓下睡不好覺。

當主管和這些年輕人閒談時，講了一則笑話進行暗示：有位老人神經衰弱，稍有響動，就很難入睡。恰好樓上住了一個經常上晚班的小夥子。小夥子每天下班回家，雙腳一甩，將鞋子踢下，噔噔兩聲，鞋子重重地落在地板上，每次都將好不容易才入睡的老人驚醒。老人為此向小夥子提出了意見。這天晚上小夥子下班回家，習慣性地把左腳的鞋一甩，突然想起老人的話，於是輕輕地放下第二隻鞋。第二天一早，老人埋怨小夥子：「你一次將兩隻鞋甩下，我還可以重新入睡，你留下一隻不甩，我等你甩第二隻鞋子等了一夜。」笑話說完，年輕人哄堂大笑後，悟出了笑話所指，以後就注意保持安靜，不再打擾老同事休息了。

毫無疑問，批評的話絕對不是不假思索隨口說出來的，領導者在批評他人之前必須思考，該以什麼方式把批評的話說出口，才能做到不令對方難堪。

對於那些有自知之明的人，如果他們犯了錯誤，領導者最好採用暗示的方法，因為這樣做就足可以達到勸說的目的，無須把話挑明，產生無謂的傷害。而對於那些沒有自覺性，一而再、再而三犯錯誤的人，則必須嚴厲批評，採取嚴厲的態度進行規勸，讓他們不再犯類似的錯誤。

第五章

幽默藝術：給溝通披上漂亮的外衣

幽默使談話氛圍更融洽

幽默感對一個人社交能力的發展起著舉足輕重的作用。與普通人相比，談吐幽默的人與他人交往更順利。

據說，美國人寧願自己變成盲人，也不願意承認自己缺乏幽默感。雖然這種說法沒有準確的根據，卻充分體現了幽默的重要性。缺乏幽默感的人，往往顯得缺乏魅力。

銷售員喬治口才很好，而且反應敏捷。一次，他正在銷售「折不斷的」繪圖T字尺，他說：「看啊，這描繪圖T字尺多麼牢固，任憑你怎麼用力都不會折斷。」為了證明他所說的話是正確的，喬治握住繪圖T字尺的兩端，並用力使它彎曲。

突然「啪」的一聲，繪圖T字尺斷成了兩截。眾人看到眼前發生的情景，目瞪口呆。但一瞬間，喬治又把它高高地舉了起來，對圍觀的人大聲說：「女士們，先生們，看，這就是繪圖T字尺內部的樣子。」

幽默是一個人的學識、才華和智慧在語言中的綜合體現。幽默的語言可以讓緊張和沉重的氣氛得到緩解。在人際交往過程中，幽默的語言如同潤滑劑，能夠有效降低人與人之間的摩擦係數，化解矛盾衝突，並能使說話人從容地擺脫溝通中可能遇到的各種困難。

在交際場合，領導者可以利用自己的幽默語言迅速打開局面，使談話氣氛變得輕鬆而融洽。在出現意見不合或是有分歧時，有心的人也可以用幽默的語言緩解緊張情緒、擺脫窘境或消除彼此之間的敵意。此外，幽默的語言還可以用來含蓄地拒絕對方的要求，或進行善意的批評。

幽默雖好，但不能亂用

幽默是具有良好的修養的體現，是一種充滿魅力的說話技巧，幽默還能營造輕鬆的交談氛圍，使大家笑口常開，而且幽默有時還能讓人有效地維護自己的尊嚴。

幽默雖好，但不能亂用。

有一回，美國總統雷根在白宮鋼琴演奏會上講話。突然，他的夫人南茜一不小心，連人帶椅跌落在台下的地毯上，觀眾發出一陣驚叫聲。南茜立即爬了起來，在二百多名賓客的熱烈掌聲中重新回到自己的座位上。

正在講話的雷根看到夫人沒有受傷，隨口說了一句：「親愛的，我不是告訴過你了嗎？只有在我的講話沒有贏得掌聲時，你才應該表演你的節目。」

聽了雷根這句俏皮話，別人怎能不為他的機智、詼諧而熱烈鼓掌呢？

幽默雖好，但不能亂用，要掌握一定的技巧。

不要隨便使用幽默

幽默並不是在任何場合都可以使用的，應在特定場合和條件下使用。比如在隆重的會議上，當別人發言的時候，你突然冒出一兩句俏皮話，就有失體統。也許身邊的人會被逗笑，但發言的人肯定認為你不尊重他，對他的講話內容不感興趣。

幽默也要適度

生活之中，有不少人開玩笑時往往把握不好分寸，結果弄得大家很尷尬，最後不歡而散，影響了朋友間的感情。

幽默切勿生搬硬套

如果並不具備適合的環境，卻要盡力表現幽默，這只是勉為其難的行為，不僅不能給講話添彩，還會令大家陷入尷尬境地。

幽默是良好的修養的體現，是一種充滿魅力的說話技巧，幽默還能營造輕鬆的交談氛圍，使大家笑口常開，而且幽默有時還能讓人有效地維護自己的尊嚴。所以作為領導者一定要練好自己運用幽默的本事。

談吐幽默，讓你更受歡迎

幽默的談吐能使嚴肅緊張的氣氛頓時變得輕鬆、活潑，它能讓人感受到說話人的溫和與善意，使其觀點變得容易讓人接受。

幽默的談吐無論在日常生活中，還是在重大的社交場合，只要運用得當，都會受到歡迎。

抗戰勝利之後，張大千欲從上海返回四川老家。好友設宴為他餞行，梅蘭芳等人均在座。宴會開始後，大家請張大千坐首座。張大千卻說：「梅先生是君子，應坐首座，我是小人，應陪末座。」

大家都不解其意。張大千接著說：「有句話叫『君子動口，小人動手』。梅先生唱戲是動口，我畫畫是動手，所以我應該請梅先生坐首座。」這一番幽默的語言，使在場的所有賓客都大笑起來。

雖然聽上去好像是自貶，然而這番話「醉翁之意不在酒」，既表現了張大千豁達的胸懷和幽默的口才，又營造了歡樂祥和的聚會氣氛。

幽默是一種充滿魅力的語言表達方式，可以體現一個人的良好修養和豐富學識，讓說話人在各種各樣的社交場合中都更受他人歡迎。幽默的語言還能夠緩和緊張氣氛，避免許多不必要的衝突。

炎炎烈日，一輛載滿乘客的公車正在路上行駛。車內一個年輕人正在喝冷飲，突然一個緊急剎車，年輕人不小心將飲料濺到旁邊男士的臉上。

被飲料濺到的那位男士的女友，一邊掏出手帕給男士擦臉，一邊狠狠地瞪著那個喝飲料的人。大家都以為爭吵一觸即發，不料，男士卻笑著對女友說：「你等一下，先別擦，他還沒有喝完，一會兒可能還會濺過來。」

這一番話很幽默，旁邊的人聽了都笑出聲來。那位惹禍的年輕人也尷尬地笑了起來，並再三道歉。

幽默是智慧的產物

幽默是智慧的體現。想要說話風趣、惹人發笑，就要具備靈活的頭腦、豐富的知識、良好的心態和快速的反應能力。

恩格斯曾經說過：「幽默是表明工人對自己事業具有信心並且表明自己占著優勢的標誌。」幽默的談吐是建立在說話者思想健康、情趣高尚的基礎上的。幽默永遠屬於那些熱心腸的人，屬於那些生活中的強者。

詩人歌德去公園散步，在一條小道上遇到了曾經用言語攻擊過他的政客。對方見到歌德走過來，滿懷敵意地說：「我是從來不給傻瓜讓路的。」歌德不假思索地立即回答：「是嗎？我正好相反。」說完，便繞過政客離開了。

歌德的回答雖然只有幾個字，卻幽默機智，用巧妙的回答避免了一場可能因狹路相逢、僵持不下而發生的衝突，卻又給了對手毫不留情的反擊，充分顯示了歌德的聰明才智與優雅風度。

幽默是特有的情感表達方式。它可以使人思想樂觀、心情愉快、消除疲勞；幽默還可以緩解緊張氣氛，避免不必要的衝突。

幽默是智慧的產物，縱觀古今中外著名的語言大師，他們往往都是幽默大師，常常說出詼諧的話語。

莎士比亞曾說：「幽默是智慧的閃現。」與幽默相聯繫的首先就是智慧。一個才疏學淺、舉止輕浮、孤陋寡聞的人是很難產生幽默感的。

作為領導者，由於工作、事業上的需要，很多時候都必須與各種各樣的人打交道，因此會說一些幽默的話是很有必要的。那麼怎樣說話才能擁有幽默感呢？

作為領導者，可以從以下幾個方面培養自己的幽默感：首先，就是要豐富自己的知識，積累更多的社會經驗；其次，則應當培養自己敏銳的洞察力和想像力；再次，還要注意保持優雅的風度和樂觀的情緒；最後，則是鍛鍊語言表達能力，提高個人素質。

幽默是化解敵意的良方

當使用幽默來糾正對方的錯誤時，首先必須有諒解他人的胸懷，不能有借機攻擊對方的心理，否則幽默是無法發揮作用的。

一旦面臨衝突，不要忘記使用幽默的語言。因為幽默的語言不僅能把人從怨恨的心理、危急的關頭或是一觸即發的憤怒中解救出來，而且還能將思想以輕鬆自如的方式表達出來，從而避免影響人際關係。

著名作家馮驥才到美國訪問時，一個華裔家庭去拜訪他，雙方相談甚歡。交談中，馮驥才忽然看見客人的孩子穿著鞋子就跳到了床上，把自己潔白的床單弄髒了，這實在是一件讓人不高興的事，但是孩子的父母並未發現這一點。此時，如果馮驥才發出任何表示不滿的言辭或表情，那麼就很有可能造成尷尬的局面。最終，還是幽默幫助了馮驥才。他風趣地對孩子的父母親說：「請把你們的孩子帶到地球上來。」賓主雙方會心一笑，問題也得到了圓滿的解決。

在這裡，馮驥才就是採取了「大詞小用」的方法，將地板稱為地球。看似誇張的比喻，將孩子的鞋子與潔白的床單之間的矛盾淡化了，很好地避免了雙方的尷尬，又解決了問題。

有戶人家，水管漏水非常厲害，院子裡積了很多水。維修工答應立即就來，可是等了很久才見到他的身影。

維修工人問住戶：「現在情況怎麼樣了？」

住戶回答：「還好吧。在等你的時候，我的孩子都學會游泳了。」

可能住戶說得過於誇張，但是這樣幽默的話語淡化了他對維修工遲遲不來的不滿，又恰當地表達出了自己的意思，使維修工的內心充滿歉意。如果住戶沒有一顆寬容而幽默的心，而是選擇直接斥責，那麼雙方一定發生激烈的爭執，水管也得不到妥善修復。

言之有物才能打動人心

言之有物的幽默，往往更具有喜劇效果，更能打動人心。

國父孫中山先生曾在廣東大學講解民族主義。禮堂非常小，聽眾很多，天氣悶熱，很多人都無精打采，無心聽講座。

這時，國父講了一個故事。

他在香港讀書時，看見許多苦力聚在一起聊天，並且開懷大笑。他很好奇，便走上前去詢問。其中一個苦力說：「我們當中的一個人，買了一張彩票，並把它藏在挑東西的竹桿裡。等到開獎那天，竟然真的中了頭獎，他驚喜萬分，認為兌獎之後可以買洋房、做生意，這一生再也不用靠這根挑東西的桿子過活了，於是就把竹桿狠狠地扔到了大海裡。不幸的是，一同扔掉的還有那張彩票。因為錢沒有到手先扔了竹桿，結果西瓜芝麻都丟了，空歡喜一場。」

故事講完，台下笑聲一片，沒有人再打瞌睡了。

接著，國父回到主題：「對於我們大多數人，民族主義就是這根竹桿，千萬不能丟啊！」

國父講的這個幽默故事，不僅讓昏昏欲睡的聽眾清醒，也使大家在笑聲中明確了演講主題，分清了是非，認清了真理，可以說一箭雙鵰，取得了良好的演講效果。

總之，幽默的語言必須做到真實而又形象，這樣才能引人聯想，讓人回味無窮。

張冠李戴，造成喜劇效果

張冠李戴，就是故意用甲來代替乙，並使之在特定的環境中產生不協調感，以此帶來強烈的幽默效果。

我們在看馬戲團演出時，常常覺得那些穿著人類衣服的猴子、猩猩十分可笑。在說話時候選擇不恰當的替代性語言，也可以產生很好的喜劇效應。這是因為給人造成的不協調感起了作用，所以人們很容易為之發笑。「張冠李戴」所造成的喜劇效果就是如此。

某班進行歷史考試，老師在開考前對學生們說：「考試過程中，請同學們『包產到戶』，不要走『共同富裕』的道路。」

對於老師的話，同學們都心領神會，大家都知道老師說的是不允許抄襲別人的考卷，自己寫自己的這一條規則。但老師的話妙就妙在沒有直言考場紀律，而是用農村中的兩個專有名詞來說明。

「包產到戶」代替「自己答好自己的卷子」，「共同富裕」代替了「互相抄襲」。由於「包產到戶」和「共同富裕」的巧妙借喻，打破了考場上緊張嚴肅的氣氛，形成強烈的反差氣氛，所以產生了幽默感。

還有一個例子也說明了這一點：

一名記者對某長壽老人進行採訪，請他談談長壽的秘訣。老人笑著回答：「秘訣只有一個，那就是保持『進出口平衡』。」

一句話，讓在場的人都笑了。「進出口平衡」本是外貿行業裡的一個常見的術語，卻被這位老人用到飲食養生問題上來，其言外之意不言而喻，既說明了新陳代謝對身體的重要意義，又使人聽了覺得趣味無窮。

巧設懸念，引發好奇

越是有懸念的東西，就越是能引起別人的好奇心，因此，巧設懸念，必然能達到很好的幽默效果。

有一天，在巴黎的一條街道上，一名煙商正在大談抽煙的好處，突然，一位老人走了過去。

老人大聲對圍繞在煙商周圍的人說：「女士們！先生們！對於抽煙的好處，除了這位先生講的以外，我再補充三點。」

煙商一聽樂了，說道：「先生，謝謝您了，看您相貌不凡，一定是位學識淵博的人，請您把抽煙的其他好處也當眾講講吧！」

老人也笑了笑，說：「第一，狗害怕抽煙的人，一見就逃。」周圍的人議論紛紛，商人暗暗高興。

「第二，小偷不敢去偷抽煙者的東西。」人們嘖嘖稱奇，商人更加高興。

「第三，抽煙者永遠不老。」人們聽了都覺得吃驚，商人更加喜不自禁，要求老人細細解釋。

老人接著說：「第一，抽煙的人駝背的多，狗一見到他以為是在彎腰撿石頭打它，能不害怕嗎？」人們笑出了聲，商人嚇了一跳。

「第二，抽煙的人夜裡愛咳嗽，小偷以為他沒有睡著，所以不敢去偷。」人們繼續大笑起來，商人大汗淋漓。

「第三，抽煙的人很少長命，所以沒有機會衰老。」這下子，人們是真的哄堂大笑起來了。

此時人們再一看，人群中的煙商早已不知去向。

這位老人講話層層遞進，先是一步步地把人們引向迷惑不解的境地，當把人們的胃口吊得足夠高的時候，才不慌不忙地表達出自己真正的意思。

按照慣常思維，抽煙是應該遭到反對的，因為抽煙的危害人所共知。所以當老人走向大談抽煙有好處的煙商時，一般人都會認為老人要提出反對意見，可老人此時卻說要談抽煙的好處，商人和圍觀的人們自然急切地想知道原因。而後，老人以幽默的話語作了妙趣橫生的解釋，既讓周圍的人開心，又戳穿了商人的騙局，讓人們更加深刻地體會到抽煙的危害性。

在人際交往中，想要使用「巧設懸念幽默法」，必須注意以下兩點：

別故弄玄虛，讓人摸不著頭腦

故弄玄虛地製造幽默，不但不能達到預期效果，反而讓人覺得無聊乃至反感。

做好充分的鋪墊，不要急於求成

必須注意，自己所說的話要讓聽眾對結果產生錯誤的預期，然後在聽眾急切的要求下再把真正的結果娓娓道來，只有這樣，才會有意想不到的效果。

給聽眾以思考的時間

有了思考的時間，大家才能更加深刻地領略話中的奧妙和深意。

把握分寸不傷人

幽默的人一般來說都是心懷善意的，但不經意的幽默可能也會傷人，所以必須把握好其中的分寸。

有極少數人利用幽默的方式講些刻薄的話，傷人又傷己。這類人專門以打擊別人的自尊心為目的，毫不在乎地講出令對方耿耿於懷的話，比如把對方的出身、成長環境，或者雙親的職業和社會地位等作為笑柄嘲笑他人。

要知道，社會上本來就有很多不幸的人，自從出生之後揹負了許多常人難以想像的苦難，其中有很多苦都並非是他們心甘情願承受的，也是他們無能為力的。這些人是值得同情的。但凡有憐憫之心的人，都不應該以他人的痛苦為話題，當著別人的面說傷人的話。事實上，這也是與人交往時必須注意的一種禮節。

大致來講，與人開玩笑的時候，要注意如下幾個方面的問題：

注意格調

開玩笑應該有利於身心健康，活躍氣氛，摒棄那些低級趣味的東西。

留心場合

正規場合一般不宜開玩笑，而對於不十分熟悉的人，也不宜開玩笑。

講究方式

幽默的方式要因人而異，對於性格開朗、喜歡說笑的人，開玩笑尺度大一點兒也無妨；而對於性格內向、少言寡語的人，一般不要輕易打趣。

掌握分寸

其實不僅是開玩笑，凡事都要有度，適度則益，過度則損。

避開忌諱

幾乎每個人都有自己的言語忌諱，或是因為風俗習慣，或是因為自身問題，所以在開玩笑時一定要小心避開別人心中的「雷區」。

望文生義幽默法

使用望文生義幽默法時，一要「望文」，即刻板地就字釋義；二是「生義」，要使「望文」所生之「義」變異，使之與「文」通常的含義大相逕庭。

望文生義是一種巧妙的幽默技巧。

望文生義幽默法，即假裝只按照字面含義理解，使事情與所指意義產生截然相反的幽默效果。

例如一位領導者主持會議，大聲宣布：「今天的會議十分重要，研究全廠改革大計，所以禁止說普通話。」

與會者感到十分茫然，普通話是國家大力推廣的便於人們溝通的語言，為什麼要禁止呢？不說普通話，莫非要說方言或外語不成？

面對眾人迷惑不解的目光，這位領導者緩緩解釋道：「所謂普通話，就是指那些普通、平庸、沒有獨到見解、缺乏實際內容的套話和空話。這種話難道不應禁止嗎？所以我提議在今天的會上，不說『普通話』，大家一定要說切實有用的話。」

聽到這裡，眾人才恍然大悟，全場大笑，鼓掌贊同。

這位領導者巧用望文生義法，開場白極富幽默感，既點出了會議的宗旨，又活躍了會場氣氛。

第六章

激勵藝術：給下屬打一劑「強心針」

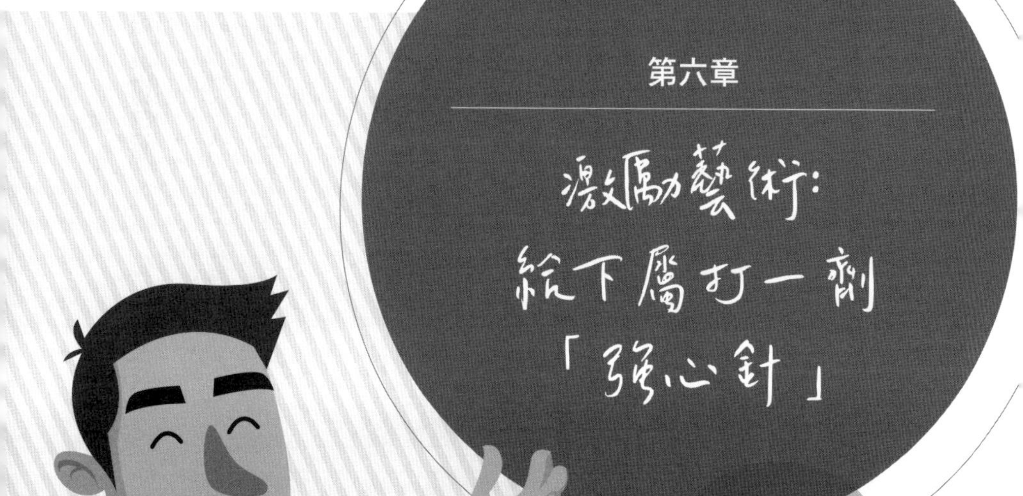

為下屬樹立明確的目標

目標是想要達到的境地或標準。目標管理是領導者工作的主要內容之一，而目標激勵則是實施目標管理的重要手段。

人需要確定行動的目標。當一個人明確了自己的行動目標時，就會把自己的行動和目標不斷對照，知道自己前進的速度，也知道自己和目標的距離，這樣他就可以一直保持行動的積極性。

我們發現，一位一萬公尺賽跑運動員，即使他已經非常疲憊，覺得堅持不下去了，當人們告訴他離終點只有一千公尺了，再加把勁就可奪得獎牌時，他就會信心百倍，加快速度完成最後的衝刺。

那麼領導者如何通過目標激勵下屬完成任務呢？領導者必須善於設置正確的總體目標，並分別設置若干個階段性的目標。總體目標可使下級的工作有方向，而那些階段性目標，則是達到總體目標的必經之路。把總目標分解為若干個經過努力都可實現的階段性目標，才有利於激發下屬的積極性和創造力。領導者要善於把近期目標和長遠目標結合起來，持續地調動下屬的積極性，並把這種積極性維持在較高的水準上。

領導者在制訂目標時，除了上述問題外，還應注意下面幾點：目標必須是明確的，要做什麼，達到什麼程度，都要清清楚楚；目標必須是具體的，用什麼辦法去達到，什麼時候達到，要明明白白；目標必須是實在的，要看得見，摸得著，經過努力可以實現，並且達到既定的標準。

所以領導者不但要給下屬訂立出遠大的目標，而且要學會把這個理想和實際工作結合起來，一步一個腳印，踏實前進。

為員工鼓勵，也是為自己鼓勵

鼓勵，代表了是一種毋庸置疑的意念，傳達了力量、喝彩、鼓舞、奮進的內涵。

作為領導者，應該學會在恰當的時候為員工鼓勵，同樣也是給自己鼓勵。

某王爺的府中有個著名的廚師，其拿手好菜——烤鴨，深受王府裡眾人的喜愛，尤其是王爺。不過王爺從沒給予廚師任何鼓勵，所以廚師整天悶悶不樂。

有一天，有客從遠方來，王爺在府中設宴招待貴賓，點了好幾道菜，其中一道是貴賓最喜愛吃的烤鴨。廚師奉命行事，然而當王爺挾了一條鴨腿給客人時，卻找不到另一條鴨腿，他便問廚師：「鴨子另一條腿哪裡去了？」

廚師說：「稟王爺，我們府裡的鴨子都只有一條腿！」王爺感到很詫異，但礙於客人在場，不便問個究竟。

飯後，王爺跟著廚師到鴨籠去查看。時值夜晚，鴨子正在睡覺。每隻鴨子都只露出一條腿。

廚師指著鴨子說：「王爺你看，府裡的鴨子不都是一條腿嗎？」

王爺聽後大聲拍手，鴨子被驚醒，都站了起來。

王爺說：「鴨子都是兩條腿呀！」

廚師說：「對！不過，只有鼓掌拍手，鴨子才會有兩條腿呀！」

鼓勵和獎賞十分重要，它可以使員工感到工作的意義，得到尊重與滿足。所以管理者必須懂得為員工鼓掌。鼓勵的形式可以是一句肯定的話，一句真誠的讚美，一個善意的微笑，一道期待的目光……只要領導者的鼓勵是真誠的、發自內心的，員工就可以體會到，並且會由此而幹勁十足。而當領導者真誠地表揚和感謝員工時，不僅下屬會覺得自己得到了尊重，領導者也會發現，在無形之中自己的精神也被鼓舞和振奮了。

對下屬的工作予以肯定

不管是一句簡單的「謝謝」，還是一個貼心的動作，或是精心準備的慶祝會，都是正面的回饋，傳遞的資訊就是「你做得很好」、「這很棒」等。

生活中，說一聲「謝謝」並不難，關鍵在於是否認識到說「謝謝」的價值和重要意義。

研究表明，領導者對下屬說「謝謝」十分重要。在對員工流動跳槽的調查中發現，員工選擇離開最主要的原因之一，就是他們感到自己只得到了「十分有限的表揚與認可」。當被問到他們認為管理者應該改善哪項技能，才而使管理工作更有效時，員工紛紛將「對他人的能力和貢獻給予認可和感謝」放在首位。

毫無疑問，人們都希望自己的能力被他人認可，而最想得到的精神獎勵則是聽到一聲「謝謝」。領導者對下屬表示欣賞，可以用致謝、表揚等簡單的話語來傳達，還可以運用一些肢體語言，比如做出「我很關心你和你在做的事」的手勢。

不管是一句簡單的「謝謝」，還是一個貼心的動作，或是精心準備的慶祝會，都是正面的回饋，傳遞的資訊就是「你做得很好」、「這很棒」等。所以說，管理者如果拒絕給員工正面回饋，其實就是對員工的一種打擊，就是拒絕了更多的與員工溝通、一起獲得成功的機會。

利用好勝心激發下屬超越自我

成功的領導者應善於激發下屬自我超越的慾望，因為這確實能夠使人們振奮精神，接受挑戰。

艾爾・史密斯曾任美國紐約州州長，他在任期間，曾經成功地使用好勝心創造了一個奇蹟。

一次，史密斯需要一位強有力的鐵腕人物去管理臭名昭著的辛辛監獄，那裡缺一名看守長。這可是件棘手的事。

經過一番斟酌，史密斯選定了路易斯・勞斯。

「去管理辛辛監獄怎麼樣？」史密斯輕鬆地問被召見的勞斯，「那裡需要一個有經驗的人去做看守長。」

勞斯大吃一驚，他知道這項任務的艱鉅。他不得不考慮自己的前途，考慮這是否值得冒險。

史密斯見他猶豫不決，便往椅背上一靠，笑道：「害怕了？年輕人，我不怪你，這本就是個困難的職務，它需要一個重要人物挑起擔子幹下去。」

這句話激起了勞斯的好勝心，他最終接受了挑戰，並在辛辛監獄待了下去。後來勞斯對監獄管理進行了改革，幫助罪犯重新做人，成了當時最負盛名的看守長，他創造了奇蹟。而這奇蹟本身，也可說是史密斯巧妙利用了好勝心，激發下屬的潛能而創造的。

好勝和接受挑戰是人的天性。其實有許多工作，只要領導者善於激勵，下屬一定會以最大的熱情去做，並把事情做好。所以領導者的一大使命就是用激發下屬自我超越的慾望。

通過讚揚激勵下屬發奮工作

讚揚可以改變一個人，可以有效地激勵他人，讚揚是催人向上的動力。

作為一名領導者，必須多看下屬的長處，予以表揚，並創造良好的條件讓他充分發揮長處。

讓我們來看一個故事：

某企業有一位部門經理，最近部門調來一個名叫李傑的人，別人對李傑的評語是：「時常遲到，喜歡早退，以自我為中心，工作不努力。」最初，這位經理向公司建議調李傑到其他部門去，但領導者沒有改變決定，希望經理好好指導李傑。

這一天，李傑又遲到了五分鐘，中午又提前五分鐘離開辦公室去吃飯，下班鈴聲前的十分鐘，他已準備好下班了。

經理觀察了一段時間，發現李傑缺乏時間觀念，平時習慣獨自工作，極少與同事打交道。但仔細觀察李傑的工作狀況，經理發覺他的效率很高，超過一般標準，而且業務精良，他製出的成品在質監部門都能順利通過。

經理對李傑遲到早退未置一詞，只是微笑著跟李傑打招呼，對李傑中午提前去吃飯也從未有過異議，這反而使李傑覺得過意不去。

李傑心想：「王經理為什麼對我從無異議？要是過去的經理早就對我大發雷霆了，至少會斥責幾句。」

感到不安的李傑，終於決定在第三週星期一準時上班，站在門口的經理看到他，以更愉快的語氣和李傑打招呼，然後對李傑說：「謝謝你今天準時上班，我一直期待這一天。這段日子以來，你的成績很好，真是一流的技術人才，工作速度方面，可以算是單位的冠軍呢。如果你繼續努力，一定會得優秀獎。我發現你才能出眾，希望你能發揮潛力，但為了你的前途考慮，我覺得你應遵守紀律。」

這天之後，李傑並沒有立刻改掉所有的缺點，但在遵守上下班時間和調整工作情緒方面大有改觀，和以前相比，幾乎判若兩人。

那些被自卑感打倒的人，那些謹小慎微、胡亂猜疑的人，往往是因為他們在少年時代缺少讚揚。讚揚對於靈魂而言就像陽光，沒有它，人的自信就無法開花結果。

如果領導者善於發現下屬身上的優點，並加以讚揚，就能激勵下屬發奮工作；而下屬努力地工作，也會讓領導者有所收穫。

巧用激將法

領導者適當地對下屬使用激將法，就會發現自己員工的工作效率大大提高，自信心和工作熱情高漲，工作業績也更好。

激將法是指掌握被激勵者的心理，狠狠地潑上一盆冷水，狠狠打擊一下他的情緒。這樣，被激勵者往往會在憤怒之下迸發出本身擁有但是一直隱藏著的力量，激將法其實是一種反向的激勵。

趙先生是一位成功人士，有一次在演講時，他回憶起自己的成長經歷，充滿深情地提到以前的一位老師，很感慨地說：「如果當年沒有聽到老師講的話，可能就沒有自己的今天。」聽眾們都在猜測，那位老師當年講的可能是很有鼓動性的話語，哪知事實卻出乎意料。

趙先生說，自己從小調皮搗蛋，無心學習，整天打架，總之是頑劣成性，沒有哪個老師能把他馴服。後來有一位老師當了他的班導師，在一次他把鄰班同學的頭打破以後，老師怒氣衝衝地對他說：「我看你確實是扶不起來的阿斗，沒有什麼出息，如果你以後能有點出息，那真是太陽從西邊出來了。就算讓我把手指頭剁了，也不相信你能做出點什麼。」

趙先生說，老師的話對年少的他刺激很大，他沒想到老師會從心底裡瞧不起自己，認為自己不會有出息。於是他決心改掉所有的惡習，好好學習。最後，他終於成就一番事業。直到那時，他才明白老師話中真正的含義。

這是一個典型的使用「激將法」的例子。三國時期的諸葛亮也十分善於運用激將法。在馬超率兵來犯時，張飛請令出戰，諸葛亮卻故意說：「馬超世代簪纓，勇猛無比，在渭水把曹操殺得大敗，看來只有調關羽回來才行。」這一下激惱了張飛，他立下軍令狀，出戰馬超，並且在戰場上奮勇殺敵，最終使馬超投降。這個故事裡張飛的確勇猛，但諸葛亮高明的激將法也起了重要的作用。

作為一名領導者，每時每刻都有與員工接觸的機會。有時領導者發現自己的某位員工業績突出，卻因為多次出色完成任務而沾沾自喜，甚至有些飄飄然，所以無論對上司還是對同事，都不怎麼禮貌，這時領導者就應該適當地刺激該員工一下。例如可以對他說：「我覺得與你一起工作的小李十分出色，上次完成任務也有他的一份功勞。而且小李一直十分勤勞，人緣也好，你可得加緊努力啊！」這樣的話語既可以讓對方感覺到壓力，從而收斂得意的情緒，又能激發對方的上進心，從而讓他更加投入地工作。

當然，使用「激將法」還要考慮員工的心理承受能力以及本身的性格特點。如果員工心理承受能力較差，運用激將法就不合適，因為不但無法收到預期效果，而且會打擊員工的積極性，甚至可能讓他從此一蹶不振。那麼對哪些員工使用激將法更有效呢？

對待不思進取的下屬使用激將法

有些人能力強，精力充沛，卻容易滿足於現狀，所以毫無壓力、不思進取，工作上也沒有什麼出色的成績。對於這種人，領導者應該經常刺激他，並且嘗試把一些重要工作交給他完成。這樣一來，不僅使他發揮了潛力，提高了工作效率，而且也讓他獲得了某種成就感與認同感，從而更加熱愛工作。

對待自卑的員工使用激將法

有些員工十分自卑，總怕自己做不好工作，但實際上卻很有潛力。這時如果運用激將法，可能會讓他們對自己更加懷疑。

對待這樣的員工，領導者可以採取「演雙簧」的方式，找另外一個主管配合，這個人唱紅臉，那個人唱白臉，一唱一和地來進行激勵，效果會更好。

比如作為管理者，你要批評一名年輕的新員工。如果自己選擇唱白臉，則對員工說話應該嚴厲一些，不要留太多情面。隨後安排扮「紅臉」的人上場，在自己批評完下屬之後，扮「紅臉」的領導者去找下屬，扮演一個較為和善的角色，可以這麼告訴下屬：「其實領導者是好心，他不是真的想批評你，只是想激勵你。說真的，他一直非常欣賞你，覺得你無論是工作能力還是工作態度都很不錯，希望你一直保持下去，有更好的發揮，所以才用這樣的方式對待你。」

如此一來，員工就會領會領導者的好意及對他的期望，雖然挨了罵，但心裡也不會不高興，同時也領悟到了領導者施加給自己的壓力，從而會更加認真、更加自信地工作，領導者激勵員工的目的也達到了。

需要注意的是在這種場合下，唱「紅臉」的人其實是主角，在激勵員工方面的作用最重要。但千萬要確定這個唱「紅臉」的人非常可靠，絕對不能讓他誇大其詞或是信口開河，如果他在員工面前、領導者背後反過來說領導者的壞話，後果是難以想像的。

第七章

安撫藝術：最大限度地照顧對方的情緒

安撫是領導者應盡的責任

中華民族一向重情重義。「患難見真情」、「雪中送炭」等都是說要給不幸者以安撫，這是一種珍貴的美德。

當下屬遭遇不幸時，及時給予真誠的安撫是領導者應盡的責任。倘若下屬身患重病，領導者在表示關懷時應避免過多地談論病情，應該多談談病人感興趣的事情，達到轉移對方注意力的效果，從而減輕精神負擔。而且還要儘量多談與對方有關的喜事和好消息，使他保持精神愉快，這樣更有利於恢復健康。

如果下屬因家庭出身或身體缺陷而被人歧視，領導者在安慰時就應多講些類似情況的成功人士的事蹟，鼓勵下屬不向命運屈服，堅信只要自己努力奮鬥，充分發揮主觀能動性，就能夠贏得人生的幸福，實現人生的價值。

若是下屬面臨事業上的不如意或失敗，領導者需要做的就是對其強烈的事業心給予理解和支持。這個時候理解和鼓勵是十分有效的安撫方式。領導者不必設法勸慰對方忘掉憂愁，更不要說服對方隨波逐流，放棄他的理想、追求，最好的安慰就是幫助對方總結經驗教訓，分析有利和不利的因素，克服消極的情緒，重新樹立人生的信心，共同探討通向事業頂峰的道路和方法。

將心比心，真誠地說話

雖然沒有經歷對方的遭遇，但也要儘量對他們的遭遇做到換位思考、感同身受，這樣才能說出溫暖人心的話語。

對大多數人而言，目睹別人的傷痛本身就是一件很痛苦的事，所以人們會不自覺地去安撫痛苦的人，想採取某些行動使對方立即擺脫痛苦。

有些人為了避免說錯話，寧可什麼都不說，因此錯失了關心他人的機會。其實只要將心比心、設身處地、真誠地說話，就能自然而然達到「治療效果」。

用心聆聽

聆聽不是保持沉默，而是用心傾聽對方說了什麼，體會其中的深意。此刻，聆聽者要把自己內心的聲音拋在一邊，放棄思考如何回應對方、如何接話等等，專注於他人的傾訴。

適時停頓

在談話之前，領導者必須提醒自己，避免機械似的回應，做到適時停頓。

例如想快速平復對方的不安，可以直接跳到採取行動的階段——說些或做些對對方有益的事。安慰的藝術在於「在適當的時機，說適當的話」。如果什麼話都不說，就無法達到安慰別人的效果；如果沒有停頓，就可能說出讓自己後悔的話。

給予肯定和安慰

給予安慰並不是單純地告訴下屬「你應該如何」或「你不應該如何」。

安慰一個人，不是剝奪和否定他們感受和保持這種真情實感的權利。大多數人在情緒激動時候，都無法控制自己，無論是喜悅還是悲傷。安慰他們，不要對他人感覺的對錯與否做判斷，因為他人此刻正被某種情緒籠罩著，需要的是安撫而不是指手畫腳。

所以安慰一個人，需要做的是肯定他們產生情緒的理由，給予他們空間去表達自己的情感，認可他們所產生的感覺。然後才是逐漸地深入問題的核心，和他們一起分享經歷、分析原因、通過交流來化解心結，才可以達到良好的安慰效果。千萬不要想當然地否定對方的想法，那樣做毫無意義。

做到感同身受

當人們試圖安慰和幫助別人的時候，反而往往會忽略和忘記他人真正的想法和心情，別人會察覺到我們內心那些沒有說出來的想法。在安慰別人時，別人也會不自覺地觀察和考慮我們是否真誠，是否對他們的問題做出了正確的判斷，或者是否真的為他們感到難過。而這些觀察和思考，會直接影響到被安慰者是否相信安慰者，是否願意接受對方的安慰與幫助。

所以安慰對方必須要做到的一點，就是雖然沒有經歷對方的遭遇，但是也要儘量對他們的遭遇做到換位思考、感同身受，這樣才能說出溫暖人心的話語。

善用同情心

雖然在安慰他人的時候最好做到感同身受，但是其實就算我們有過類似的經歷，也無法完全地瞭解別人此時此刻的感受，因為感覺是不能複製的。

所以在揣摩他人心理的同時，領導者必須充分發掘並善於利用自己的同情心去關懷對方。領導者應該做到耐心聽完別人的陳述、抱怨甚至是發火，對他的經歷表示同情，再看看該如何和對方分享自己的經歷和想法。就算是經歷不盡相同，也要對對方表示出最大的善意和支持。

講出自己的感受

不論面對的是什麼狀況，都不必窘迫，不妨讓被幫助的人知道幫助者本身的感覺，甚至可以老實地告訴別人：「我確實無法體會你的感覺，也不知道自己該說什麼，但我真的很關心你。」

可能這樣的表達太過直白，但畢竟可以讓對方明白。

提供實用的資源

無須幫別人找到所有問題的答案，但可以盡力提供可以利用的資源，如朋友、專家，甚至朋友的朋友，來幫助對方找到答案。可以為對方打幾個電話，提供人脈；也可以找相關的書籍推薦他們閱讀；或是乾脆提供一個「避風港」，讓他們得以平靜地尋找自己的答案。

設身處地、主動幫忙

當我們問：「有沒有我可以幫忙的地方？」有時候有答案，有時候對方也不知道自己到底需要什麼樣的幫忙。然而，人們有時會對自己真正的需要開不了口。設身處地去考量他們可能需要的幫忙，是有效助人的第一步。

根據對方的心理，給予最貼心的撫慰

最好的安慰者，是放下自己，走入對方的內心世界，以他人的心情和立場去體會他人的遭遇，不妄加評判，才能給他人有效的安慰。

身邊的人傷心難過時，很多人只會反覆地說「堅強一點兒」，或是一味地批評對方「我早就說過……」，其實這些做法不僅無法安慰別人，還會使對方更加傷心。所以安慰人也要講究心理技巧，要根據對方的心理活動，給予最貼心的撫慰。

傾聽對方的苦惱

因為每個人的生活經歷、家庭背景及接受的教育不同，導致每個人的價值觀以及看待事物的角度不同。同一件事，可能一個人覺得苦惱，另一個人卻覺得無所謂，可以淡然處之，所以說每個人對於苦惱的理解其實也是不同的。所以說在試圖安慰一個人之前，首先要做的，就是拋開自己的想法，嘗試去理解別人的苦惱。

安慰人的時候，可以肯定的一點是聽比說重要。

沮喪、悲傷或是憤怒的心靈，都需要溫柔聆聽的耳朵，首先要聽對方傾訴和抱怨，其次才要動用自己邏輯清晰的大腦，用聰明才智來分析問題、解決問題。

聆聽，要求我們用耳朵和心靈去聽對方的聲音，把握事情的原委，而不要急著追問前因後果、誰對誰錯，也不要急於做出判斷。聆聽實際上就是給對方發洩的空間，讓他為憋在心裡的話和壓抑的情緒找到一個出口，找到一個人，能夠自由地傾訴，自由地表達。

走進對方的世界

安慰人最大的困難是安慰者無法理解、體會和認同當事人的苦惱。人們時常無法避免地將苦惱定義在自我所能理解的範圍中，這是「自我」所帶來的侷限性。而一旦超出範圍，苦惱就變得難以想像。

如果對他人的苦惱不以為然，迫不及待地提出自己的見解，會使安慰者在傾聽過程中產生抗拒感，反而無法安慰別人，讓情況惡化。所以安慰者必須暫時放棄自己根深蒂固的觀念，真正站在對方的角度去看問題。

「放下自己的世界，接受別人的世界」，說的就是這個道理。而最好的安慰者，則是放下自己，走入對方的內心世界。以他人的心情和立場去體會他人的遭遇，不妄加評判，才能給他人有效的安慰。

探索對方走過的路

安慰者常覺得自己有義務提出解決辦法，但其實每個被苦惱折磨的人，幾乎都有過不斷嘗試和失敗的經歷。所以探索對方走過的路，瞭解對方的經歷，也是一種有效的安慰。

心理專家提醒安慰者一個重要原則是：「安慰不等於治療。治療的目的是使人遠離苦惱；而安慰則是肯定苦惱、進而度過苦惱的一種嘗試。」實際上，在安慰人的過程中，不加干預、不給建議、側重傾聽與瞭解是最高的原則。

此外，陪對方經歷低谷也是一種安慰。他人會在你的陪伴下，覺得安全、溫暖，於是向你傾訴痛苦。而當他經歷完心情的風暴後，內心逐漸平靜，能坦然面對厄運時，會真心感謝你的陪伴。

安慰時要注意措辭

安慰別人也是一門學問，領導者在安慰他人的時候，必須善於措辭，知道怎麼表達。

在下屬最需要情感幫助的時候，領導者必須及時給予安慰，否則安慰就失去了意義。

而安慰的話怎麼說，說得怎麼樣，會直接影響安慰的效果。所以說安慰別人也是一門學問，領導者在安慰他人的時候，必須善於措辭，要知道怎麼表達，必須表達得體。

具體來講，安慰他人可以從以下幾個方面著手：

摸清對方煩惱的原委

如果想讓安慰的話語真正說到對方心坎裡，說到點子上，首先要弄清楚的就是對方因為什麼而苦惱。這樣，安慰才能有的放矢。

給予具體的幫助和實在的鼓勵

當別人遇到困難的時候，無關痛癢的安慰說起來很容易，可沒有任何實際的價值，也起不到打動別人、安慰別人的效果。

瞭解對方的性格特點

要說對安慰的話，就要做到說的話因人而異。

安慰別人要看對象，要看人說話，對溫柔內向的人，在安慰的時候也要使用溫和的話語；而對那些雷厲風行、大大咧咧的豪爽的人，安慰時候則可以同樣以豪爽的方式表達，這樣更對他們的胃口。總之，只有看準了對象的特點，安慰才能恰如其分，才能奏效。

充分運用肢體語言

有一位歌唱比賽的評審，每當看到參賽者挑戰失敗落選時，除了說一些肯定和鼓勵的話語外，還總是會輕輕地拍拍落選者的肩膀，然後用鼓勵的眼神傳達自己的安慰之情。

安慰不僅僅靠語言，語言之外還有許多無聲的安慰，比如眼神或動作都可以傳達出感情。

安慰是深表同情，而非憐憫

同情的話語有勸慰也有鼓勵，語氣低沉嚴肅又不乏力量，而憐憫的話語只含有悲傷和失落，彷彿只是在重複對方的痛苦。

同情就是在別人遭遇挫折、心情低落的時候，做到設身處地、將心比心、感同身受，把他人的不幸當成自己的不幸，產生情感上的共鳴，在平等的立場上給對方以精神上、道義上的雙重支持，並分擔對方的痛苦。

有時，同情和鼓勵也可以包含敬佩、敬愛之情。同情是一種飽含著善意的心理。而與之相反，憐憫則不是基於平等的基礎上而進行的思想交流，而是上對下、尊對卑、富對貧、強者對弱者、勝者對敗者、幸運者對不幸者的感情施捨。

同情的話語應該有勸慰也有鼓勵，語氣應該低沉嚴肅而又不乏力量，但憐憫的話語，只含有悲傷和失落，彷彿只是在重複對方的痛苦。安慰是深表同情，而非憐憫。

對於事業心強、自尊心強的人，無論其遭受了多麼嚴重的不幸，面臨多麼困窘的境地，對他們來說，憐憫都是一種變相的侮辱，只會刺傷他們的自尊心，激起反感和憎恨。所以在對他人進行安慰時，一定要注意自己的態度和言辭，不要說出傷害別人、雪上加霜的話語，在表達同情的時候也要給予充滿力量的鼓勵。這才是最恰當的做法，也只有這樣，才能真正達到幫助別人的目的。

善意的謊言可減輕不幸者的痛苦

善意的謊言對於感情脆弱、意志薄弱的不幸者尤其重要，因為其心靈已經傷痕累累、不堪重負。在這種特殊情況下，與其如實相告，還不如暫時隱瞞。

在一定的情境中，謊言也可以起到很好的安慰別人的作用。

離開了客觀的條件、具體的時間和地點等因素，以絕對的好壞來衡量真話、謊話及其意義，反而會偏離判斷是非的標準。善良的謊言有時勝過惡毒的真話。在安慰下屬時，領導者適時的謊言，往往能發揮出意想不到的效果。

安慰別人時使用善意的謊言，其用心和出發點是好的——為了減輕不幸者的精神痛苦，幫助其鼓起面對生活的勇氣，而當事人知道了真相以後，不但不會埋怨，還會充滿感激。就算當時半信半疑，甚至明知是謊話，通情達理的人仍會感到溫暖和寬慰，因為他知道自己是被關懷與愛護的，而不是被欺騙和傷害的。

善意的謊言對於感情脆弱、意志薄弱的不幸者尤其重要，因為其心靈已經傷痕累累、不堪重負。如實地將殘酷的噩耗或境況講出來，對方有可能因承受不住而一蹶不振。所以在這種特殊情況下，與其如實相告，還不如暫時隱瞞。

當然，作為領導者應該明確，在實際的管理工作中，真話還是占主導地位的，只有在特定的情況下或沒有其他選擇的時候，才可以用善意的謊言安慰他人。

第八章

說服藝術：讓下屬心悅誠服

先瞭解，再說服

領導者在開始說服下屬之前，必須設法瞭解下屬當時的思想動態和情緒，這是決定說服的成敗的一個重要的因素。

作為領導者，工作時常會碰到下屬間爭執的情況，雙方只顧發表自己的意見，出現「公說公有理，婆說婆有理」的局面。這時作為領導者，應該知道，每個人看問題的方式都是長期形成的，與性格、經歷、教育背景等都有著密切的關係。

領導者應該摒棄狹隘心理，否則無法說服他人，還很容易不自覺地陷入盲目的境地，如同拳擊手只揮舞拳頭，卻沒把拳頭打到對方身上一樣。

想要說服他人，必須做到以下幾點：

瞭解對方的性格

不同性格的人，接受他人意見的方式也是不同的。

瞭解了對方的性格，就可以按照他的性格有針對性地開始說服。

比如諸葛亮針對張飛暴烈好勝的性格，常使用「激將法」，但又怕張飛酒後誤事，於是激他立下軍令狀；而針對關羽自負、不肯讓人的性格，則使用的是「推崇法」。

瞭解對方的長處

一個人的興趣點往往就在他最熟悉、最瞭解的領域，領導者在說服下屬的時候，可以從對方感興趣的點入手。

因為談論對方擅長的領域，雙方容易談到一起去，談論起來也容易理解，更容易說服下屬。領導者可以將下屬的長處作為說服對方的有力根據，如對善於交際的人，分配他做供銷工作時，領導者可以說「你在這方面富有才能」、「這是發揮你潛力的最好機會」。這樣說既有理有據，又能表明領導者的信任。

瞭解對方的興趣

有人喜歡繪畫，有人喜歡音樂，還有人喜歡下棋、養鳥、集郵、書法，人們都喜歡談論自己最感興趣的事物。所以可以從對方感興趣的話題入手，打開話匣子，再對下屬進行說服，比較容易達到說服的目的。

瞭解當時的情緒

一般來說，影響情緒的因素有如下三點：一是談話前，對方因其他事而造成的情緒仍在起作用；二是談話時，對方的注意力集中在別的事情上；三是對方對說服者懷有的看法和態度。

所以領導者在開始說服下屬之前，必須設法瞭解下屬當時的思想動態和情緒，這是決定說服的成敗的一個重要的因素。不要像庸醫一樣，還沒弄清楚病人的癥結所在，就亂開方子，不僅根本無法達到治病的效果，還可能適得其反。

採用有效的方法讓人心服

要說服別人聽從自己的領導，必須擁有說服別人的慾望。

說服他人最好的結果是雙贏，但說服者要讓對方明白這一點卻不是一件容易的事。

一個說服者首先應有說服他人的慾望，其次要具備說服他人的信心，最後要掌握說服他人的方法。具備這三條，就算是「刀槍不入」的人，也會被說服的。

在這三點中，最關鍵的是說服他人的方法。有效的說服方法可以讓人心悅誠服地接受自己的觀點，達到說服的目的。

意識先於行動

有句老話是這樣說的：「我們首先應該思考自己能做什麼，然後再真正地去做。」說服他人也是如此，首先要有說服的意識，思想應先於人的行動。行動之前不思考，失敗的機率就會增加。要說服他人，首先要擁有說服對方的自信，相信自己有這個能力。

美國發明家愛迪生說：「世上沒有什麼比慾望更能使人敏銳。」美國演說家溫德爾．菲力浦斯也說過：「慾望會喚醒一個人的理智，慾望越尖銳，越能使一個人趨向成熟。」要說服別人聽從自己的領導，必須擁有說服別人的慾望。

說服別人要先說服自己

意志和慾望決定了動機，有了動機之後應具備說服他人的信心。信心和勇氣直接決定著說服是否會成功。說服別人首先要說服自己，因為說服自己往往比說服別人更難。一定要說服自己，自己絕對會成功。

說服別人當然不是輕而易舉就可以辦到的，但就算遇上比較難纏的人，也要盡力試一試。

站在對方的立場上

站在對方的立場上，設身處地考慮對方的想法，是很重要的。說服不能急功近利，也不能有私心雜念。說服別人就是要說理，曉之以理，動之以情，要滿懷真情地向對方說明道理。

世界上沒有完全不講道理的人。別人拒絕被說服，那可能是我們這一方沒有道理，或是有道理卻沒有說清楚。後一種情況很好辦，就是學會講道理，把道理說清楚就可以了。

引導對方接受你的觀點

正面講道理一時講不通，不妨旁敲側擊，剝繭抽絲，逐步引導，層層深入，最後達到目的。

引導對方接受自己的觀點，主要有以下幾個方法：

擺事實，講道理

道理越深刻，越要用事實來說明，否則會因為缺乏感性的體驗，影響他人對道理的認同和理解。用事實講道理，還可以避免說大話、空話、套話，聯繫實際把道理講實在。

激發興趣

找到興趣點，可以啟發對方共同思考，還能創造一種平等和諧的氣氛，使人覺得你不是在灌輸道理，而是在探討問題。這種方法是變被動為主動，讓當事人自己反思，讓「繫鈴人」自己「解鈴」。

旁敲側擊

正面講道理一時講不通，不妨旁敲側擊，剝繭抽絲，逐步引導，層層深入，最後達到目的。有時也可借題發揮，使出「醉翁之意不在酒」這一招，使對方在驚訝的同時接受你的觀點。

寓情於理

在說服時少講大道理，教育對象並非不接受道理本身，而是在情感上很難接受講大道理的人。這時候就要求講道理的人要善於反省自己令對方反感的地方，及時克服和糾正。尤其是當對方抵觸和反感情緒較大時，更要以誠相待，要在尊重、關心對方的基礎上講道理，或是等其情緒平復時再進行說服。

大鍋小灶

「大鍋飯不香」，在大課堂上和公共場所講大道理，受環境、氣氛影響，很多人可能聽不進去。所以開「小灶」就很重要，選擇恰當的場合，與對方真誠平等地談心交流，可以取得很好的說服效果。

適可而止

話講得囉唆就容易讓人厭煩。有些人翻來覆去地講一個道理，效果適得其反。正確的做法是視實際情況、針對實際問題和對象把握好要講的內容，留下充足的時間，讓對方去思考，去領悟和消化。

委婉地表達你的想法

同樣一個主題，不同人有不同的說法，不同的說法有不同的效果。

作為領導者，要想說服別人，不要以為抱著真誠的態度便可以不拘小節，必須知道怎麼委婉地表達你的想法，要設身處地地從他人的角度想問題。

一九四〇年，處於前線的英國已經無錢從美國購買軍用物資，一些美國人便想放棄支援英國，看不到唇亡齒寒的嚴重後果。

羅斯福總統在記者招待會上宣傳《租借法》，想說服他們，為國會通過此法成功地製造輿論氛圍。在那次演講中，羅斯福並未直接指責這些人目光短淺，而是妙語連珠，以理服人。他用通俗易懂的比喻，把道理講得深入淺出，貼近人心，使人不得不服：「假如在四、五百英尺以外，我的鄰居家失火了，而我有一截澆花園的水龍帶，要是給鄰居拿去接上水龍頭，就可能幫他立刻把火滅掉，火勢就不會蔓延到我家裡。這時我該怎麼辦呢？我總不能在救火前對他說：『朋友，這管子我花了十五美元，你要照價付錢。』如果這時候鄰居剛好沒錢，那麼我該怎麼辦？我不應當要他的十五美元。我要他在滅火之後還我水龍帶，如果火滅了，水龍帶還好好的，那他就會連聲道謝，原物奉還；假如他把水龍帶弄壞了，答應照賠不誤，我拿回來的就是一條新的澆花園的水龍帶，那我也不吃虧。」

說服人時如果毫無顧忌指出對方的錯誤，對方常常會竭力為自己辯護，因此最好用間接的方式，讓他瞭解自己應改進的地方，從而達到說服的目的。

共同商量達成一致

當下屬有不同觀點時，誠懇地說：「我們意見有不同，那就一起想出大家都滿意的方法，想出對工作最有利的策略。」

找出「雙方都願意」的可行性是說服的關鍵，努力尋找交集，拓展思維，而不是「製造敵人」。必須認清雙方的不同不意味敵對，所以切忌心存「打倒對方」的偏激想法。

除此之外，說服他人其實也是優化人際關係的良機。一個成熟的領導者，會把分歧當作人際關係「重組」的信號，抓住調整關係的契機。

強調彼此的一致性

下屬與領導者的觀點存在分歧時，如果領導者直接否定和貶損下屬，久而久之，領導者就會成為真正的孤家寡人。

正確的做法是當下屬有不同觀點時，領導者誠懇地說：「我們意見不同，那就一起想出大家都滿意的方法，想出對工作最有利的策略。」話語中，強調的是「我們」，而不是對立的「你」「我」，這種充滿誠意的表達，可以很好地促進問題的解決。

分歧是瞭解的契機

有分歧時，領導者必須明確，下屬是在尋求問題的答案，還是在借機發洩個人對公司的不滿、牢騷，或純粹是為雞毛蒜皮的小事無理取鬧等等。

「分歧，就是瞭解的契機。」所以出現分歧時，其實是領導瞭解下屬想法的好時機，領導可以借此加深對下屬的瞭解。

強調人性化的互動

遇到觀點差異時，一定要強調人性化的互動，而不是用權威使他人屈服。贏得一時的爭論，卻換得以後共事時見面的痛苦，這沒有任何好處。任何協商都不能只為一吐為快，為所欲為，解決問題才是關鍵。

博取信任，讓下屬心悅誠服

任何一件事情，如果光強調好的一面，就會引起潛在的不信任，而運用正話反說的方法，有時更容易取得對方的信任。

有時候領導者說服下屬並不困難，但要在說服中博取對方的信任、讓人心悅誠服，卻並非易事。

讓我們來看一個關於佛蘭克林的故事：

美國國會在費城舉行憲法會議，贊成派和反對派討論得相當激烈，出席者的言辭都非常尖銳，後來討論甚至演變成人身攻擊。

這時持贊成意見的佛蘭克林，適時發表了具有說服力的演說，使會議勉強形成了統一意見。但很明顯的是反對派儘管在佛蘭克林的演說中保持了沉默，卻絕口不提贊成兩字。

佛蘭克林知道雖然基本說服了反對派，使憲法得以通過，但同時也失去了他們對自己的信任。於是演說完畢，他面對反對派的沉默，不慌不忙地對他們說：「老實說，對這部憲法我並非完全贊成。」

這句話一說出口，會場頓時熱鬧起來，彷彿回到了剛開始的爭執階段，反對派人士不禁感到懷疑：佛蘭克林既然是贊成派，為什麼不完全贊成憲法呢？

佛蘭克林停了一會兒，才繼續說：「我對於這部憲法並不完全有信心，出席會議的各位，也許對於細則還有些異議。但不瞞各位，我此時也和你們一樣，對這部憲法是否正確抱有懷疑態度，我就是在這種心情下簽署憲法的。」

佛蘭克林這番話，使得反對派的不信任情緒平靜下來，美國的憲法終於順利通過。

任何一件事情，如果只強調好的一面，那麼對方對你所說的話，就會引起潛在的不信任。為了讓對方相信自己，不妨正話反說，用這種方法取得對方的信任。

適度地接受他人的意見

過分強調自己的需求，會打擊別人的積極性；只有適度地接受他人的意見，才

會讓別人改變態度。

汽車大王福特曾說：「我從我自己以及他人的經驗中得出結論，如果說成功是有秘訣的話，那麼這所謂的秘訣，就在『把握他人的觀點，站在他人的角度，去審視一切事情』的能力中。」

美國電器總公司董事長歐文也曾說：「能夠為別人設身處地想一想的人，能夠瞭解別人心理的人，是永遠不必為自己的前程著急的。」

帕伯是卡內基的橋樑公司的一位股東，他對卡內基的一切事業都非常妒忌，因此常常在股東會議上就各種問題與卡內基爭論。有一次，帕伯為了一份合同而埋怨卡內基的弟弟，他以為那份合同抄錯了。

帕伯埋怨地說：「價目表上註明是實價，可當交易成功的時候，卻一點也沒有說到這『實價』的事。我要弄明白這『實價』兩個字是什麼意思。」卡內基的弟弟說：「哦，帕伯，這就是說不能再加什麼錢了。」帕伯聽了無話可說。

有許多事情都需要這樣去應對。如果卡內基的弟弟這樣解釋：「實價就是不打折扣。」那說不定會引起一場爭論。卡內基的弟弟只是以帕伯能瞭解的方法去迎合他的意志而已。

尊重並認可別人的觀點，是與他人合作的最有力的法寶。如果過分強調自己的需求，就會打擊別人的積極性，這一點人們常常忘記。只有適度地接受他人的意見，才會讓別人重新考慮，改變態度。

不要輕易說「你錯了」

人人都有自我保護的本能，都忌諱別人直接指出自己的錯誤。所以在勸說別人的時候，就要多加注意，不要輕易讓「你錯了」這句話直接說出口。

希望通過說服的方式改變他人的態度，實際上就是認為他人的態度不符合自己的要求。換句話說，之所以要說服別人，是因為認為他人的態度不好，甚至是錯的。即便如此，也要切記：在勸說對方時，不要率直地說「你錯了」或「你不應該有這種態度」之類的話。這樣說改變不了對方的態度，還會弄巧成拙，招致對方的反感，甚至產生敵對情緒。

人們一般都有肯定自己的心理，渴望自己為別人所承認，並確信自己的態度和行為合理。如果在勸說時不照顧下屬的自尊心，直截了當地說「你錯了」，等於完全否定了對方，只能傷害對方的自尊心，使他感到丟失面子，喪失尊嚴，為此，他肯定會找種種理由為自己辯護，而拒絕被說服。

這就是說，人人都有自我保護的本能，都忌諱別人直接指出自己的錯誤。所以在勸說別人的時候，就要多加注意，不要輕易讓「你錯了」這句話直接說出口，更不要強迫別人當面認錯，必須採取溫和委婉的形式。

比如剛開始交談時說：「我有一個不太成熟的想法，請你幫我分析分析，看看可行不可行？」這樣，對方覺得被尊重了，也對問題產生了好奇，就會不知不覺地參與討論。在討論的過程中，就可以借機推銷你的想法。

總之，在說服別人時，一定要維護對方的臉面，保護他的尊嚴。過分直率地指出對方的錯誤等於剝奪了對方的尊嚴，撕破了臉面，就算再怎麼努力，都難以實現說服的目標。

說服要注意的幾個要點

不充分的說服，會失去說服力；不得要領的要求，無法正確地執行。

任何人都希望輕鬆說服他人，擔任領導者職務的人，更是如此。但一個人是否有說服力，並不完全取決於他是否能言善道，也取決於他能否在適當的時候說適當的話。

多傾聽對方的想法

不考慮對方，只談論自己的理論，不但無法打動對方，反而會使對方疏遠。大多數人都希望自己是說服者，不喜歡被人說服。因此，與其自己先發言，倒不如先聽對方說，給予對方發言的機會，從談話中瞭解對方，緩和他的緊張情緒，使他對你產生親切感。

措辭要合理

不充分的說服，會失去說服力；不得要領的要求，無法正確地執行。領導者對下屬有期望，希望下屬按照要求執行時，必須以合理的措辭使對方正確瞭解。在很多時候，執行命令的人稀裡糊塗，並沒有把握領導者的真正意圖。

調動對方的聰明才智

領導者在做說服工作時，可以先把事情的來龍去脈告知對方，對方瞭解情況後，才願意照著指示做。這樣的說服能強化對方做事的意願。畢竟瞭解了情況，做起事來就容易。同時，領導者在指示對方的過程中，也要經常參考對方的意見，提高對方的自信和參與意識，這才能被稱為周密的說服。

建立信任

說服他人時，很可能引起對方的警覺，甚至受到對方的排斥。所以建立信任非常重要。

有的人「用人朝前，不用人朝後」，這種做法是錯誤的，只想為了自己方便而操縱對方是行不通的。做到有意地與人交流，保持相互信任的關係，是說服必不可少的條件。信任的關係建立在平常的工作與生活中，只有得到他人認同，才能建立信任。如果領導者能做到這些，就能發現說服的樂趣。

提出忠告更容易贏得信服

領導者在對下屬進行說服時，除了曉之以理、動之以情外，如果發現下屬的缺點，採取合適的方法提出善意的批評，指出對方的不足，並提出忠告，往往更容易贏得信服和愛戴。

忠告首先應該是出於對下屬真心誠意的關懷。當領導者對某人提出批評時，如果對方發現領導者並不是出於關心他才批評他，而是出於領導者的個人原因和意圖，他馬上會站到警惕和敵對的立場上。

其次，忠告和批評應該注意措辭。明確地指出下屬應該改善的地方，其實是不會得罪別人的。

對別人提出忠告時，應抱著體諒的心態。誠然，下屬在某些方面做得不好，但是可能他有難言的苦衷。所以在提出忠告的同時，還要體諒對方的難處，不要一味地苛責或強求。必要的時候領導要觸及員工的內心，幫助他徹底地解除心病和困難。

要注意，切忌在大庭廣眾之下提出忠告和批評。因為這個時候必然涉及員工的短處、傷疤甚至是隱私。每個人都有自尊心，被當眾揭短時，很容易下不了臺，自尊心會受到傷害，很容易產生抵觸情緒。這樣一來，即使領導者是善意的，下屬也會認為領導者是在故意刁難，讓自己當眾出洋相。而且提出忠告要給對方留餘地，不要把人說得一無是處。

最後，提出忠告要注意簡潔中肯，不要提起對方過去的錯誤，要遵循「一事一議」的原則，才不會引起對方的反感。

巧妙地挽留員工

每個員工的離職原因各不相同，深入調查員工具體的離職動機，是制訂有效挽留方案的重要前提。

調查顯示，在辭職的員工中，四成的人是經過深思熟慮的，還有約二成的人是一時衝動，而剩餘四成的員工則介於兩者之間，他們雖有離職的動機，但並不強烈，而且在辭職前猶豫不決。

領導者如果能及時採取積極措施，至少四成的員工有可能被挽留下來。那麼應當怎樣做才能挽留員工呢？

首先，反應要迅速。

領導者在收到員工的辭呈後，應當在最短的時間內做出反應。比如中止手頭的日常工作，召集相關人員商討對策，以一切可能的方式向員工做出企業不希望他離開的表示。一旦延誤了時間，將使員工辭職的意念更加堅決，從而更難以挽回。迅速的反應不僅可以贏得時間，對於員工而言，還能明確地表現出企業對他們的重視。

其次，識別員工離職的動機。

許多企業在員工離職時，立刻用更好的待遇、更高的薪酬予以挽留，實踐證明，這樣做的效果並不好。每個員工的離職原因各不相同。深入調查員工具體的離職動機，是制訂有效挽留方案的重要前提。

在瞭解員工的離職動機時，應當使用一切可以使用的管道和方法，包括與辭職員工面對面地交談，從而保證資訊的準確性。

再者，制訂有效的挽留方案。

在準確瞭解了員工的離職動機後，繼而要針對不同的要求制訂相應的方案，但是要注意的一點是不可以無限度、無條件地滿足員工的所有需求。對於無理的要求要果斷拒絕。

總而言之，企業需要把握好答應和拒絕的「度」。既要滿足員工的合理要求，使其能夠繼續為公司工作，同時也要注意個人需要不能凌駕於公司利益之上。

最後，利用親情的力量。

除了與員工進行溝通交流，積極地改進企業政策、滿足員工要求外，領導者還應當充分利用親情的力量。

領導者可以動用與離職員工關係密切的人來進行遊說，如員工的好朋友、在他成長道路上起到重要作用的老員工等。還可以邀請員工的家人、同事參加為他準備的宴會，並事先做好遊說工作，這也是一個很有效的做法。

如何化解抗拒心理

身為領導者，想要說服別人的時候，首先要準確拿捏被說服者的心理。被說服者的心理是矛盾的，如果不服從，就會與說服者產生衝突，但如果服從，又會違背自己的心意。

在被說服的過程中，人的矛盾心理有如下幾種：

猜疑心理

即使人們彼此間有信任關係，但在被說服時，難免會產生疑慮。信任意味著遵守諾言、保密與尊重對方人格，當這些信任動搖時，猜疑就產生了。

曹操刺殺董卓失敗後，與陳宮一起逃至呂伯奢家。曹呂兩家是世交。呂伯奢一見曹操到來，本想殺一頭豬款待他，可是曹操因聽到磨刀之聲，又聽說要「縛而殺之」，便大起疑心，以為呂伯奢要殺自己，於是不問青紅皂白，拔劍殺了呂伯奢一家。

這是一件由猜疑心理導致的悲劇。猜疑是人性的弱點之一，歷來是害人害己的禍根，是卑鄙靈魂的夥伴。一個人一旦掉進猜疑的陷阱，必定處處神經過敏，事事捕風捉影，對他人失去信任，對自己也同樣心生疑竇，損害正常的人際關係，甚至影響個人的身心健康。

戒備心理

戒備心理指警覺地注意別人的一言一行，儘量推卸責任的心理狀態。

運用適當的談話技巧可以打消對方的戒備心理。如果能在交談中鼓勵對方更多地表達看法，就能對症下藥，找到突破點。

另外，適當地自我表達，積極回饋，縮短自己和對方的心理距離，有利於達成一致。

不安心理

毫無疑問，人人都具有自我保護的傾向，會不自覺地維護自己的權利，這是人的一種本能。

所以即使在你心裡不存在控制他人的意願或動機，可對方在面對著諸如要求自己做出轉變的情況時，也會因為本能的自我保護，覺得某種做法會影響自己人格的完整，從而產生不安的感覺以及精神上的壓力。

同時，他在面對「接受你的說服」與「接受其他可能的選擇」這兩者的矛盾時，如果接受了你的要求，就意味著他本人的態度和行為方式都要發生一些轉變，與其他人的關係也相應地必須做出調整，這種轉變會給人帶來精神上的壓力。被說服者必須自己承受所感到壓力，這在一定程度上讓他擔憂。

所以很多人面對被說服的情況，採取的都是「能躲就躲」的辦法，如果實在躲不過，就盡可能不表態，試圖逃避變化。這種心態其實是說服者最大的敵人。尤其是說服的主題涉及了被說服者認為很重大的問題時，對方一般會採取迴避或拒絕的態度。這就要求說服者必須要有耐心，還要有所準備，不然肯定無法成功地說服對方。

劉備三顧茅廬才說動諸葛亮出山，為什麼這麼困難呢？諸葛亮想考驗劉備當然也是原因之一，但最根本的原因是對諸葛亮來說，出山與否是人生的重大抉擇，不能不慎重。

想要化解以上幾種抗拒心理，就要做到下面三點：

首先，交談要有策略、有層次地進行，不可以一次把話說完。一下子把自己說服對方的資料和觀點全都抖出來，這是不明智的。自己要留一手，也要給對方留有餘地。

其次，則是努力讓對方認識到不安和壓力的根源在哪裡，就此進行交流探討，並且逐一對這些原因給予化解。必須要讓對方意識到，即便有壓力，但是承擔這些壓力和不安是值得的，這樣對方的不安情緒會很快消失。

最後，有一個需要慎重使用的方法，就是委託協力廠商去說服。只有在實在在無計可施、一籌莫展時，才能使用這種方法。可以讓對方的朋友、親人當說客給對方做工作，親近的人說的話往往更容易被採納。但是這一條也不一定絕對有效，要注意使用的度，如果過火，反而適得其反。

第九章

授權藝術：權力不是用來壓人的

授權要簡練、準確、可操作

明確規定任務的最後期限和各個階段的時間是十分必要的，並應該在執行中不斷核對。領導者在時間上必須嚴格要求，才能使目標與實績相互對照。

善於培養下屬的領導者，常會給職員一些明確但又留有餘地的指示，讓員工在適度的自由中鍛鍊才幹，逐漸成長。善於引導下屬正確體會和執行領導者的命令是一門學問。領導者的命令應該簡練、準確，專業術語概念清晰、排除誤解，而且必須具有可操作性，還要具有時間上的緊迫性。

土地肥沃的巴格達與印度，因為地理和氣候優勢，都可以隨意選擇在任何時節播種稻種；但泰國則由於氣候的關係，必須事先制訂周密的計畫，才能在最合適的時間播種。由於颱風時常來襲，所以不僅是播種，收割的日期也要先想好。如果遲了，一年的辛勞就會付諸流水，所以必須擬定周密的計畫和時間表——這就體現了計畫的重要性。

有時候公司老闆對下屬太客氣，總是以「麻煩你給我做這個」的方式下達命令。這樣會使下屬沒有緊迫感，可能很久也不能完成工作，這樣的例子十分多見。所以明確規定任務的最後期限和各個階段的時間是十分必要的，並應該在執行中不斷核對。領導者在時間上必須嚴格要求，才能使目標與業績相互對照。

從員工方面來說，在接到上級命令的時候，儘量做好記錄，可以用記事本簡明扼要地記下關鍵問題，疑惑不解的地方等領導者把任務交代完畢，再根據實際情況提出來，並恰當地表達出希望領導者重視自己的問題的意思；在執行時要抓住時機，踏實做事。執行中要多回饋彙報，與同事及領導者商量，交流新問題、新情況，保證任務的完成。

以商量的口氣下達命令

領導者要謹記，吩咐下屬去做事，有些時候下命令確實是必需的，特別是在緊急情況下，沒有時間做出詳細的解釋，命令需要立即執行。但在更多時候，如果條件允許，最好還是事先溝通一下。

領導者最主要的工作之一就是給下屬下達命令，讓其完成工作。但命令的下達遠不是說兩句話那麼簡單。下達的命令是得體的，就會有好的執行力；反之，下達命令方式欠妥，就會引起員工的反感和不滿。

松下公司創始人松下幸之助曾說：「不論是企業或團體的領導者，要使下屬高高興興、自動自發地做事，我認為最重要的是要在領導者和下屬之間，建立雙向的交流，也就是心與心的契合、溝通。」松下幸之助看到了領導者和下屬進行溝通的重要性，並且在工作中身體力行，獲得了極大的成功。

一些領導者認為只有雷厲風行地做事才會有效果，所以凡事都用大嗓門命令他人，不管別人的反應與意見。這種領導者一般能力比較強，下達命令之前早已深思熟慮，有自己的打算。久而久之，下屬就會習慣於接受命令，凡事都照領導者說的去做，成為執行命令的「機器」，反而喪失了積極性和創造性。而另外一些下屬，面對領導者各種各樣的命令，根本連問為什麼要這麼做的機會都沒有，領導者不允許發問，只要求執行。這樣一來，員工根本想不通原委，當然就不願意去做。那些自己不願做的事還要被迫去做，實際上是很難做好的。

所以領導者要謹記，吩咐下屬去做事，有些時候下命令確實是必需的，特別是在緊急情況下，沒有時間做出詳細的解釋，命令需要立即執行。但在更多時候，如果條件允許，最好還是事先溝通一下。

如果領導者用心和下屬溝通，下屬就會把自己的想法和盤托出，如果確實有道理，領導就可以採納對方的建議，這樣既不會耽誤執行工作，而且會讓下屬覺得自己的意見被採納，獲得良好的認同感，以後自然會把工作當作自己的事情，勤於思考，努力改進，工作效率也會顯著提高。

另外，領導者還要注意，在要求下屬做一件事時，也不要忘記給下屬樹立一個美好的目標，給出一個亮麗光明的前景，在這樣的指引下，下屬更有動力，會欣然接受任務，並且付諸行動。

具體來說，在安排實際工作時，領導者應注意以下幾個方面的問題。

1. 千萬不要用自己的權力壓制員工。

2. 要耐心地去聆聽下屬的意見和建議，甚至是抱怨。

3. 若同意下屬的意見，可以肯定地說：「對，我也是這樣想的。」這樣會形成一種激勵，讓下屬為自己的建議和想法感到驕傲。

如果領導者不同意做某件事，必須向下屬說明自己的理由，不要生硬地說「我不同意」就草草了事。如果是這樣，就算強行地把命令下達了，下屬還是會心懷不滿，甚至我行我素，不認真執行任務。

以理服人，而不是以權壓人

無論是誰，當你命令他做一件事的時候，他多少會有逆反心理，這是人們正常的心理。所以把握好說話的語氣、方式，更容易讓對方接受自己的意見和要求。

優秀的領導者絕不會單純靠下命令來做管理，更不會不管下屬的想法，一味地發號施令。如果領導者這樣開展工作，只會引發下屬的不滿和抵抗。

李先生新接手了一家有五、六百名員工的企業。他發現，上一任領導者離職時候，不管是在業務上還是在管理上，都留下了很多亟待解決的問題。

李先生本人是一個能力很強的人，他做起事來就像一位率領千軍萬馬的大將軍，「運籌帷幄之中，決勝千里之外」，指揮若定，威風八面。相應地，態度上就顯得有些急躁和強硬。

一天早上，公司要開一個重要的採購會議，可是李先生卻在出門前和兒子吵起來了。

因為李先生唯一的「剋星」就是他的兒子，他拿兒子沒轍，父子之間的代溝怎麼也無法跨越，幾乎每次見面，沒講三句話就會爭吵。

這天，就在雙方都吵得面紅耳赤之際，兒子突然停住了話頭，然後一字一頓地說：「爸，我們再這樣吵下去也不是辦法，我能不能請您把我剛剛說的那句話重複一遍給我聽？」

「啊？什麼？」李先生有點兒吃驚，沒想到兒子突然這麼說，「你說，你說做父親的這麼能幹，這麼要強，當然看不起兒子了！」

「不是！我不是這麼說的，您再想想看，我到底說了什麼？」兒子步步緊逼。

「你到底說了什麼？你自己說的話，為什麼要我重複？你自己為什麼不再說一遍？」李先生憤怒了。

兒子突然笑了起來，說：「您看！爸，從頭到尾，我到底說了什麼，您都根本沒有聽，那些話是您自己臆想出來的，其實我根本沒那麼說。您不是常說我們缺少溝通、有代溝嗎？那麼我說過什麼，您重複一次給我聽，然後您再說些什麼，我來重複。」

「什麼！我哪有時間在這裡重複來重複去的！你這孩子真是想氣死我，對吧？」

「爸！就試試看吧！否則這種爭吵今天結束了，明天還會發生，一直沒完沒了，您再想一想，我到底說過什麼？」李先生只好靜下心來，想了半天，終於承認：「我真的想不起來，你再說一遍吧。」

「好，其實我說的是父親真的很能幹，兒子一方面心裡很佩服，但另一方面，總是怕自己跟不上您的腳步，做不到那麼好，所以心裡有點兒壓力。」

李先生靜下來，仔細一想，確實如此，兒子就是那麼說的，而且說得合情合理，自己怎麼會那麼激動呢？李先生找到了問題的癥結所在，一掃和兒子吵架的疲憊，神清氣爽地到公司上班去了。

這一天，公司的會議需要討論的是公司打算採購價值一千萬元的機器，到底是要用美國貨，還是用日本貨。根據採購部的報價，日本的機器價格便宜，品質也不差，可是總工程師卻主張買美國貨。

會場上，李先生讓總工程師發表意見。因為前一任領導者十分專橫，總是早有定見，不喜歡聽別人的意見。新來的這位領導者似乎脾氣也不怎麼好，總工程師估計新老闆也像上一個老闆一樣，萬事都喜歡自己做主，問別人的想法也只是一個形式，因此無精打采地說了不到五分鐘，就結束了發言。

李先生敏銳地注意到員工的情緒，又受到早上和兒子交流的震撼和啟發，於是一反常態地說道：「總工程師，我來重複你的意思，你看我理解得對不對？日本的機器，價格便宜，品質也還可以，但如果將來出了問題，需要售後服務的時候，問題就比較麻煩，因為語言問題，他們的員工往往無法和我們直接交流，找到對精密儀器在行的翻譯又比較困難，而且耗時又費錢。機器到底有什麼問題，我們無法充分地表達給對方，每次發生這樣的問題，都要面臨這樣的困難，反而會耽誤生產時間。要是這麼算的話，還是買美國貨更划算、更便宜。」

聽了李老闆的重複，總工程師的眼睛亮了起來。他打起了精神，詳細地介紹了情況，把剛才沒說到的問題都說出來了。

領導者在說話的時候特別要注意把握分寸，少一些強制。因為無論是誰，當你命令他做一件事的時候，他多少會有逆反心理，這是人們正常的心理。所以，把握好說話的語氣、方式，更容易讓對方接受自己的意見和要求。

樹立權威，說話更有分量

倘若一個人地位高、有威信、受人敬重，那麼他所說的話、所做的事，就容易被別人重視，容易被別人認可其正確性。

這一現象普遍存在於日常生活和工作之中。而追溯其內在的心理因素，首先是人們都有的一種「安全心理」，即大家往往認為權威人士一定是正確的，而服從他們則可以給自己充分的安全感，他們認為權威不會出錯，就算出錯，也還是有保障的。其次，則是由於人們的「讚許心理」，權威人士的表現往往被社會認同，被認為和社會規範是一致的，故而按照權威人士的要求去做，自己也同樣會得到相應的讚許與獎勵。

美國心理學家曾經做過一個實驗：在給某大學心理學系的學生們講課時，向學生介紹了一位從外校請來的德語教師，說這位德語教師是從德國來的著名化學家。實驗中這位「化學家」煞有其事地拿出了一個裝有蒸餾水的瓶子，說這是他新發現的一種化學物質，有特殊的氣味，請在座的學生聞到氣味時就舉手，結果多數學生都舉起了手。本來沒有氣味的蒸餾水，由於這位「化學家」的語言暗示，多數學生都認為它有氣味。

在企業中，領導者說話是否有分量，是決定其能否成為一個優秀的領導者最重要的問題之一。

而樹立權威最直接、最有效的方法，就是運用語言。語言的魅力在於可以讓人在最短的時間內獲得最多人的認同。一次慷慨激昂的演講，能為講話者樹立威信，帶動氣氛，調動情緒，表明思想。語言是最好的交流途徑，語言是最好的傳播媒介，一個人的人格、學識、智慧都可以通過說話表達出來。所以話只要說得好，說得妙，就可以樹立威信。

當然，善用權威效應並不是說讓領導者濫用自己的語言和權力愚弄下屬、欺騙他人，這樣做的後果只有一個，就是毀掉自己積累起來的威信和地位。對待下屬仍然是要本著誠信的原則、關懷的態度。這樣做一方面更能增加領導者的魅力，是權威的積累；另一方面，外柔內剛雙管齊下，必定能取得讓人意想不到的效果。

第十章

應變藝術：隨機應變，擺脫困境

控制現場以應對攪場

所謂「攪場」，就是有人打斷發言，蓄意破壞現場秩序，主要出現在單向交流的場合中，如上課、做報告、大會發言、演講等。

對於那種「攪場」的人，領導者要儘量做到以下幾點：

首先，學會「無視」。

「攪場」的人本身就對發言者有成見，聽演講的目的就是找碴，所以不管發言者怎麼說、說什麼，對方都會故意搗亂。對付這樣的情況，發言者需要堅定信心、不予回應。

一八六〇年二月，林肯參加美國總統競選，在紐約某學會做演講。

他到紐約時，當地報紙已發表了許多攻擊他的文章。在他登臺時，還未開口，台下便傳來一片嘲笑聲。演講開始時，台下十分混亂，一些共和黨人高聲叫嚷要他滾下去。但林肯不為所動，十分鎮靜地按事先的準備繼續講話。漸漸地，會場安靜下來，除了林肯的聲音，只有煤氣燈的燃燒聲，聽眾都聽得入迷了。

第二天，報紙紛紛發表了讚揚林肯演講成功的文章。

其次，謙虛應對，適時自責。

如果發言者的思想、學術等水準不高，聽眾會在這方面進行刁難，對這種攪場，發言者一定要謙虛謹慎，做到以退為進。

一九八六年菲律賓總統大選時，有人指責競選者阿奎諾夫人是什麼也不懂的家庭主婦。她上臺發表競選演說，不少人以這種眼光看待她。反對派則公開叫嚷說她只配圍著鍋臺轉，要她回家去。

阿奎諾夫人上臺後，一開口便說：「我只是一個家庭主婦，對政治和經濟都不甚瞭解，也沒有經驗。」這番誠懇、真摯的話使聽眾一下子靜了下來。接著她又說：「對於政治，我雖然外行，但作為圍著鍋臺轉的家庭主婦，我精通日常經濟！」聽眾旋即爆發出熱烈的回應。

最後，力求生動、幽默、風趣。

如果講話主題聽眾不感興趣，也有可能故意攪和，這時發言者應用幽默的語言來應對。

某廠公關部長到分廠說明裁員政策。分廠一些工人正為失業問題憂慮，當聽說要講裁員政策後，台下一下子炸開了鍋，工人們吵吵嚷嚷。

面對這種情形，部長扯開喉嚨大喊道：「報告大家一個好消息。」台下頓時靜了下來。部長故意停了一下才說：「我老婆——失業了！」台下的工人們先是一愣，隨即響起一片熱烈的掌聲。接著部長把自己的老婆因何失業和夫妻之間的對話惟妙惟肖地描述了一番。調動起聽眾情緒後，他才開始宣講廠內的政策。

總之，控制現場是一門學問，不僅需要隨機應變，還要能夠準確把握聽眾的心理。作為領導者，對此一定要細心琢磨，才能在需要的時候自如地應對局面。

控制場面，避免冷場

當眾講話遭遇冷場，可暫時變換話題，吸引聽眾的注意力。但是在目的達到

後，仍要設法回到原來的話題。

在單向交流中，聽眾毫無興趣，注意力分散是冷場；在雙向交流中，對方毫無反應，或僅僅隨口應付也是冷場。發言者說話沒有吸引力是造成冷場的直接原因，究其根本，是發言者的失敗。發言者必須採取有效的方法控制現場，避免冷場的發生。

力求簡短

在單向交流中，除了主題演講，應景式的講話應該越短越好。而在雙向交流中，任何一方都可以參與發言，應有意識地給對方留下提問的時間，這樣你來我往，才能達到交流的效果。

變換話題

當眾講話遭遇冷場，可暫時變換話題，吸引聽眾的注意力。但是在目的達到後，仍要設法回到原來的話題。比如教師在講課中發現學生東張西望、竊竊私語、在桌上亂畫等等，可以停下授課內容，簡短地講些與教學相關的故事或趣聞，吸引學生的注意力，再繼續講課。

雙向交流時話題可以變化。如果發現對方對自己提出的話題沒有興趣，可以立刻尋找下一個話題。

終止交流

任何發言者都不願碰到冷場的情況。但若是這樣的事情發生了，也採取了變換話題、加強語氣等方法，仍不能扭轉局面，不妨終止交談。「話不投機半句多」，長時間的冷場對雙方來說都是浪費時間，而且毫無意義。

言語失誤，要巧妙地糾正

每個人都有說錯話的時候，其實說錯話並不可怕，關鍵的問題在於如何在失言之後，以巧妙的話語加以糾正，這樣不僅表現得體，還能顯示出非凡的口才與智慧。

「人有失手，馬有失蹄」，在與人交往的過程中，即使是像辯論天才張儀一般的人物，也難免會因為各種原因而陷入詞不達意的尷尬。有時人難免一時頭腦發昏，舉止失當，做出事後讓自己覺得不可思議、莫名其妙的蠢事。

雖然失態的原因不盡相同，但後果卻是相似的，或貽笑大方，或引起糾紛，甚至讓局面一發不可收拾。在這種時候，說話的人腦子必須快速轉個彎兒，想方設法化解矛盾。

三國時的阮籍有一次上早朝，忽然有侍者前來報告：「有人殺死了自己的母親！」

阮籍為人素來放蕩不羈，未經思考信口回答：「殺死父親也就罷了，怎麼能殺死母親呢？」此言一出，滿朝的文武百官大嘩，認為他「詆毀孝道」。

阮籍也意識到自己措辭不當，連忙解釋：「我的意思是說，禽獸知其母而不知其父。殺父之人就如同禽獸一般，殺母之人連禽獸也不如。」一席話說得面面俱到，眾人無可辯駁，阮籍也免去了殺身之禍。

四兩撥千斤的方法能夠免去一場爭吵，甚至是躲開殺身之禍。阮籍在說錯話的情況下，急中生智巧用比喻，不知不覺中更換了題旨，巧妙地平息了眾怒。所以出言不慎時，必須懂得巧妙地糾正。

面對責難，要靈活應對

面對善意的責難，應認真、負責地闡述觀點，解答對方的問題，如果確實無法回答，應老老實實地表示歉意，或者另行尋找話題。面對那些惡意的責難，要果斷地予以回擊。

責難有兩種：一種是善意的，對方對問題有疑問或意見，所以提出反對觀點；另一種則是惡意的，對方以讓人難堪為目的，故意刁難。所以對責難也應區別對待。

面對善意的責難，所做的應該是認真、負責地闡述觀點，解答對方的問題，做到有問必答。如果確實無法回答，應該老老實實地表示歉意，或者另行尋找話題。

一家公司的廠長正在講裁員的問題，一名女工站起來問道：「你老講形勢好，為什麼全國到處都在裁員？」

廠長說：「裁員是經濟發展的正常現象，是社會進步的產物，恰恰說明形勢好。現在一些地方、部門人浮於事，大家沒事做，而一些地方、部門又事多等人做，這正常嗎？一個工廠技術落後、設備陳舊，產品沒市場，大家都發不出工資，還不如讓一些人轉行，去做社會需要的事。這樣既滿足了社會的需求，大家又都有錢可賺，不比混日子更好嗎？」

面對那些惡意的責難，可以果斷地予以回擊，嚴厲而不失幽默地反唇相譏。如果沉默不語，會助長對方的氣焰，有損自己的形象。

美國前總統布希在一次演說中，台下遞上一張紙條，他打開一看，裡面寫的是「傻瓜」。他若無其事地笑道：「以往別人遞紙條都是提出問題，而不留姓名，而這張紙條只留了姓名卻沒有提問題。」他巧妙地將辱罵自己的話，轉移到辱罵者身上。

遇到別人惡意的責難與譏諷，不必一味寬容地保持沉默，否則就等於默認了別人的挖苦，反擊一定要針鋒相對、不留情面，打消對方的囂張氣焰。但是如果只是親友、同事開玩笑，則不妨以同樣詼諧的話予以反擊，說氣憤和尖刻的話反而有失風度。面對善意的玩笑，只要用幽默的自嘲就可以擺脫困境，泰然自若的神情，不僅不會使說話的人顏面受損，還會讓他平添風采，增加魅力。

領導者身處商戰第一線，有意無意中會得罪一些人，與人結怨。如果遇到對方的譏諷和輕視，及時回擊是最主要的應變策略。因此具備隨機應變的口才顯得尤為重要。站在風口浪尖的領導者，一定要具備隨機應變的口才及十分敏捷的思維。這些其實都得益於長期有意識的訓練、學習和模仿。任何語言的技巧都不是天生的，都是後天培養出來的。應急的語言技巧有很多，領導者可以把下面這幾點作為參考：

轉移話題，擺脫窘境

在社交場合中，時常有一些人打聽對方不想公開、不能公開的事，如內心的傷痛，或是自己忌諱的話題，或是個人隱私等，這些問題一旦被別人提及，就可能出現尷尬的局面。該如何應對呢？最好的辦法就是以現場的環境和場景為媒介，在場的人還沒開始大加討論之前，迅速轉移話題。這是一種最基本和最有效的應急措施。

不動聲色，應付尷尬

尷尬局面的出現，往往只是剎那之間的事情，一句話就可以引起麻煩，瞬間場面就會變得一團糟。這個時候如果說話的人失去冷靜，大驚失色、手足無措，那麼只能導致亂上加亂的結果。

反之，就算是出現了尷尬局面，如果能在心理上努力保持平衡與穩定，面不改色，顯示出鎮靜自若的一面，然後腦海裡快速思考如何應對出現的問題，這樣才是妥當的做法。

急中生智，自圓其說

其實在不恰當的話語說出來的瞬間，說話的人自己就能意識到。所謂覆水難收，說出去的話無法收回來，那麼最重要的就是立刻尋找一句可以自圓其說的話，也以脫口而出的方式，在瞬間說出去，消除尷尬。當然，要做到這一點，就要發揮自己隨機應變的能力，需要的是說話者機敏的反應，需要立刻分析出的情境的轉變和話題的導向，然後立刻做出反應，修正自己講話的內容，對主題進行快速而嚴密地調整和變換，這樣才能在最短的時間內化解尷尬。

運用幽默，巧解矛盾

我們在與人交往的時候難免發生各種各樣的矛盾，而當矛盾發生時，幽默的語言是解決問題的靈丹妙藥。在某些情況下，幽默會產生神奇的效果，在一瞬間讓僵局解開，前嫌冰釋，讓原本窘迫難堪的場面立刻充滿了笑聲，尷尬就自然而然消失於無形了。

第十一章

調解藝術：調解紛爭，化解矛盾

給下屬樹立「大家庭」的觀念

樹立「大家庭」的觀念是難度很高的一項任務，它不僅建立在誠信的基礎上，更需要足夠的時間，經過「鍛造」，才能使領導者和員工成為一家人。

說起培養企業中員工的「大家庭」理念，通用電器公司前總裁斯通堪為表率。

通用公司的高層領導與全體職工每年至少舉辦一次生動活潑的「自由討論」，而且公司裡從上到下互相直呼其名，無尊卑之分，卻互相尊重、彼此信賴，人與人之間的關係融洽親切。

一九九〇年二月，通用公司的機械工程師伯涅特在領工資時，發現少了三十美元，這是他一次加班應得的加班費。

為此，他找到頂頭上司，而上司卻無能為力，於是他便給公司總裁斯通寫信。「我們總是碰到令人頭痛的報酬問題。這已使一大批優秀人才感到失望了。」斯通立即責成最高管理部門妥善處理此事。

三天之後，他們補發了伯涅特的工資，事情到此似乎可以結束了，但斯通又做了三件事：第一件事是向伯涅特道歉；第二件事是在這件事情的推動下，瞭解那些優秀人才待遇較低的問題，調整了工資政策，提高了機械工程師的加班費；第三件事是向著名的《華爾街日報》披露這一事件的全過程。這件事在美國企業界引起了不小的轟動。

這些事情雖小，卻能反映出通用公司的大家庭觀念。

企業內部氛圍的形成是難度很高的一項任務，它不僅建立在誠信的基礎上，更需要足夠的時間，經歷崎嶇不平的道路及競爭環境的「鍛造」，才能使領導者和員工成為一家人，彼此都樂意為團隊犧牲個人利益，因身為組織一員而感到自豪。這樣的團隊才具有旺盛的生命力和爆發力。

多說服，少爭辯

儘管分歧會使人們的關係緊張，但只要加以耐心說服就可以消除。

很多人面對分歧的做法就是站出來針鋒相對地爭論一番，實際上這絕非上策。盲目投入爭論的人，會被一種焦躁心理所控制，要知道，壓倒對方並不能解決任何問題，相反會傷了和氣，讓他人感到覺到威脅與傷害，自尊被冒犯。

在試圖說服與自己意見不一致的人時，首先不應該把他們當作對手或敵人，而是當作與自己平等的人。說服的目的在於讓對方理性地接受自己的觀點，而不是無條件地對自己言聽計從。

說服可以使被說服者形成內在服從效應。它與借助權力進行威脅的不同之處在於說服者必須做到與被說服者是平等的，被說服者具有選擇某種觀點、看法以及採取某種行為方式的自由。

與依靠個人魅力所形成的確認式服從不同，在形成內在服從的過程中，說服者沒有動用魅力或是權力，能夠讓對方被說服的因素在於說服者提供的資訊具有價值，能夠起到修正或者改變被說服者的感知方式、思想及意識的作用，從而最終讓說話對象對爭論的事物採取了一種新的思考方式，或有了全新的解釋。

讓衝突為成功溝通做鋪墊

一個人的意見不可能永遠正確，而衝突和矛盾也許正是彌補這一不足的最佳方案。

衝突，是導致不安、緊張、動盪、混亂的主要因素之一，但是它也存在著積極的一面。有時候衝突可以促進變革，並且督促人們做自我分析，提高自身素質。身為領導者，應該瞭解並善於利用衝突所帶來的積極作用，才能更好地領導團隊，帶動集體。

通用汽車公司發展史上有兩位重要人物，由於他們對衝突和矛盾所持的不同看法和做法，給公司的發展帶來了不同的重大影響。

威廉．杜蘭特在做重大決策時，大致用的是「一人決定」的方式，他喜歡那些同意他觀點的人，很難寬恕當眾頂撞他的人。由他領導的工廠經理組成的經營委員會在討論任何一項決策時，都沒有任何反對的聲音，但這種一致的局面僅僅維持了四年。四年之後，通用汽車公司就出現了危機，杜蘭特也不得不離開了公司。

另一位有重大影響的人是艾爾弗雷德·斯隆，是迄今為止通用汽車享有最崇高聲望的領導者，被譽為「組織天才」。他曾經是杜蘭特的助手，並在後來成為杜蘭特的繼任者。他目睹了杜蘭特所犯的錯誤，所以在做出決策之前，都事先向別人徵求意見。他認為沒有一貫正確的人。在遇到問題時闡明自己的觀點，但也鼓勵別人發出不同聲音，展開討論，這是他取得成功的主要原因。

對於領導者來說，每天幾乎都會面對衝突和矛盾，所以不應該對衝突採取迴避、抹殺或視若無睹的做法，更不要為暫時的一致所蒙蔽。要知道，一個人的意見不可能永遠正確，而衝突和矛盾也許正是彌補這一不足的最佳方案。只要做到協調合理，溝通及時，衝突也會為成功做鋪墊。

善於傾聽下屬的抱怨

當下屬開始抱怨、不滿，產生利益衝突的時候，作為領導者應當充分地重視。

要找到抱怨的原因，最好的方法就是聆聽對方的意見。傾聽不但表示尊重，也是形成理解的最佳方法。

在處理下屬的抱怨時應當形成正式的決議，向下屬公布，不要拖延，不要敷衍，不要讓抱怨越積越深。

在解決抱怨時，可採用一種「門戶開放」政策，即宣稱領導者隨時迎接各種抱怨和投訴，對這些問題領導者將全力解決。這種方式可以使下屬隨時隨地意識到自己的利益受到保護，情緒更加平和與放鬆。

身為領導者，善於傾聽也是綜合素質之一，面對下屬的抱怨，不可掉以輕心，漠然置之。花點兒時間傾聽下屬的訴說，聽聽員工的心聲，對領導者是大有裨益的。領導者要設身處地、變換角色，思考事情為什麼發生，儘量考慮問題發生的原因，避免因操之過急而引起矛盾的激化。

在面對下屬的抱怨時，領導者還需要有耐心和自我控制力。尤其是下屬的抱怨牽涉到領導者，使領導者感到尷尬或憤怒時，更要用極大的耐心控制怒火，接受不同的聲音。當然，並非所有抱怨都能得到圓滿的解決，也許是因為違背了企業的政策，也許是因為下屬本身確實有錯，不合情理的抱怨、無理取鬧式的抱怨都會存在。但是對這些抱怨，也要在傾聽之後再做評論。發出抱怨之聲的人看似希望領導者採取行動，實際上只要領導者耐心地傾聽，他們就會感到心滿意足。隨後領導者再在適當的時候解釋為什麼抱怨的問題不能被徹底解決，這樣的做法也更容易被下屬接受。

發洩憤怒，緩和矛盾

當衝突發生時，好的調解方法應該是：讓每個人都有機會發洩憤怒，避免憤怒鬱積。這樣才能緩和矛盾，打開解決衝突的大門。

有的日本公司專門建造了「健康管理室」，就是為了化解糾紛。兩個人產生糾紛，發生了嚴重的衝突，就可以到「健康管理室」來解決爭端。

第一個房間，進去就會發現對面的牆上有一面大鏡子，產生糾紛的兩個人站著照鏡子。當人們吵架時，感覺不出自己面貌的變化，一照鏡子，看到自己臉紅脖子粗的樣子，怒氣馬上就減少了許多，也會下意識提醒自己：今天自己的情緒有些失控。

第二個房間裡有一排哈哈鏡，雙方依次照鏡子。這是為了啟發雙方正確對待自己和別人，不能像哈哈鏡那樣把自己看得很高大，把別人看得很矮小。

然後再向裡面走，是彈力球室。地板上和房頂上各有一個鉤子，中間用彈力帶緊緊拉著一個球，球距地板一人多高，每人用力打三下。由於彈力作用，球彈回來正好打在自己額頭上。這是啟發雙方認識人與人的關係就同作用力與反作用力，你傷害別人，別人就會傷害你。

再往下走，還有傲慢像室、照片室、模仿的酒吧等等。總之都是通過對比的方法，啟發雙方交換意見，互相表態，使問題得到解決。

這種解壓的方式，現在一些企業中也得到了應用。

據說，某個公司專門為員工設了「出氣室」，「出氣室」門前寫著這樣的話：「朋友，歡迎你到來。你有什麼心事嗎？請毫無顧忌地講出來。你有什麼意見嗎？請毫無保留地說出來。」這個出氣室每天都由廠裡的主要主管輪流值班，接待員工。

說來奇怪，很多憋著一肚子火進去的員工，出來時候都是一身輕鬆，不再抑鬱。兩年多來，公司裡的員工們到「出氣室」上千次，每一件事情都有登記，而每一件事情最後都能得以解決。人們都覺得，這家公司發展得越來越好，經濟效益越來越好，「出氣室」也有很大的功勞。

能忍受別人發洩憤怒是很不容易的，尤其是當憤怒是沖著自己來的時候。在現實中，領導者也經常會面對下屬的失控。在面對別人的失態時要寬宏大量，忍難忍之事。倘若領導者本人也是衝突的一方，就更要嚴格約束自己，不要只為自己表白和辯護，要表現出高姿態。

第十二章

談判藝術：唇槍舌劍之間，掌控大局

良好的形象給對方以好感

一位形象氣質俱佳、談吐得體又風度翩翩的領導者，即便在針鋒相對的談判桌上，也能引起對方的好感，從而促使談判成功。

儀表

俗話說：「人靠衣服馬靠鞍。」得體的服飾對談判的影響十分明顯。談判者著裝應該整潔大方，且服裝必須適合自己的體型。為保證談判順利進行，切忌不修邊幅或衣著過於另類。

身姿

挺拔的站姿要求挺胸收腹，兩眼平視前方，嘴唇微閉且面帶微笑，雙肩自然下垂。挺拔的站姿反映了談判者的良好的心理狀態，說明談判者鬥志昂揚，充滿信心。

端莊的坐姿要求兩腳著地，膝蓋成直角。與對方交談時，身體適當前傾，切忌一坐下來就靠在椅背上，這樣會顯得體態鬆弛、沒有禮貌。女士就座切忌蹺起二郎腿，更不可將雙腿叉開，這樣不僅很不雅觀，也顯得缺乏教養。

談吐

優秀的談判者說話應時刻把握分寸，不溫不火、不卑不亢。言語表現過於自信或唯唯諾諾，都容易受制於人。

在談判中，言語不恰當會顯得不尊重對方，甚至引起誤會和摩擦。例如稱謂問題，必須分清對象，尊重對方習慣，注意親疏關係、年齡性別等，這樣才能表現出對他人的尊重。

語調

說話音調的抑揚頓挫，可以豐富語言的內容，強化語言的效果。而語調冷漠平淡則給人以拒人於千里之外的感覺。若談判時音調自然，飽含感情，就容易消除雙方緊張情緒。在談笑中從容應對，從而迎來一個完滿的結局。

非凡的氣質和風度

舉止瀟灑、神采奕奕，洋溢著活力的領導者，更容易以非凡的氣度吸引他人。

一個具有風度和氣質的談判者，他的從容自信會在一定程度上給對方造成心理壓力。反之，一個不修邊幅的談判者，很難靠口頭上的雄辯取得勝利。

談判者的獨特氣質，可以通過身體的各種動作，如站姿、坐姿和走路的樣子等表現出來。自然、毫不做作的動作可以流露出權威感，使對方不自覺地被吸引。

談判者擁有非凡的氣質和風度，除了先天的性格因素外，還需要後天的知識修養和實踐。這就要求談判者具備廣博的知識，既要懂談判心理學和行為學，還要具有豐富的談判經驗，以此來應付談判中各種複雜的情況，最好還要掌握有關的法律法規及國際慣例等。

這些知識是談判取得勝利的前提，也是一個合格的談判者事先應做好的準備。有了這些知識和儲備，談判者才能充滿自信地走向談判場。當然，除了知識方面的修養外，談判者還應加強實際的談判訓練，在談判的練習中逐漸培養良好的氣質和風度。

談判要以雙贏為基礎

無論何種形式的談判，只有以雙贏為基礎，才能構成真正的、有意義的談判。

成功的談判，不是一方大獲全勝，另一方滿盤皆輸，而是雙方各有收穫。在談判中可能有「你死我活」的較量，但談判本身卻不是為了分出勝負，而是力圖達到雙方的利益共用。

在一場成功的談判中，每一方都是勝利者。如果一方機關算盡、漫天要價，勢必兩敗俱傷，導致合作破裂。

在談判過程中，談判者要想取得成功，一定要記住當止則止。當接近了最大需求時，要保持冷靜，見好就收，不能貪婪地抱著「再多要一點」的心理而把對方趕盡殺絕。如果把對方逼到山窮水盡的地步，那麼之前所做的一切努力可能會前功盡棄。因為一味地追求利益會破壞合作的基礎，使談判無法推進下去。

由於談判的最終結果是使雙方在一定程度上都得到滿足，所以要把雙方的衝突，看作是有待解決的共同困難，這樣可以使雙方關係更加緊密。在談判過程中，如果雙方始終保持相互瞭解和信任，雖然談成的價碼雖沒有達到預期，但卻可以為以後擴大合作奠定基礎。

對於一時無法調和的矛盾，可以在互相信任的前提下多提幾個方案，直到雙方的需要都得到某種程度的滿足。在答覆對方的時候，試著從對方的角度看問題，避免使用絕對的語氣，使摩擦減到最低程度。而在產生衝突時，耐著性子去瞭解為什麼會造成衝突。如果能找出彼此的差異點和共同點，就有可能打破僵局。

和顏悅色，營造融洽氣氛

談判的動因是需要，對利益的滿足是談判的基礎，雙方對於共同利益的追求是取得一致的動力。因此在真正成功的談判中，每一方都應該是勝者。

一位專家曾說：「老謀深算的人不會對任何人說威脅的話、辱罵的話，因為二者都不能削弱對手的力量。威脅會使對手更加謹慎，使談判更艱難；辱罵會增加對手的怨恨，並使他們耿耿於懷。」

談判不是一決勝負的比賽，以一決雌雄的態度展開談判，只會帶來一敗塗地的後果。談判的動因是需要，對利益的滿足是談判的基礎，雙方對於共同利益的追求是取得一致的動力。因此在真正成功的談判中，每一方都應該是勝者。

一般說來，談判可分為合作性談判和競爭性談判兩大類。不管是哪種類型的談判，談判者都應該和顏悅色，營造融洽氣氛，建立相互信任的人際關係。

禮貌待人

在談判中，即使對方出言不遜，說出過激的言辭，自己一方也應保持冷靜，儘量以溫和的語言表述自己的主場，做到語調平靜，遣詞用句都應適合談判的需要，避免使用極端的話把談判引向破裂。

婉言否決

在談判中不同意對方觀點時，不要直接用「不」這個具有強烈對抗色彩的字眼。即使對方態度惡劣，也應和顏悅色地用商量的態度表述否定的意思。

運用轉折的技巧則可以減少對他人的冒犯，先予以肯定和寬慰，再委婉地否定並表明自己的難處。這種貌似承諾、實則並未接受的語言表達方式，是將心比心的心理戰術。它表達的是給予對方同情和理解，重點卻是「但是」以後的內容。

小小細節意義無窮

對談判者而言，注意細節是捕捉對方資訊的必要方法。因此除了傾聽之外，仔

細觀察、收集對方發出的無聲資訊，也是十分重要的。

在商業往來中，即使是一個小的細節，都有可能改變整個事情的發展方向。在瞬息萬變的談判中，不起眼的細節卻有不容忽視的力量。因此一定要注意細節，任何一個不當行為都會帶來副作用，會使自己失去成功的機會。

美國著名談判大師荷伯・科恩指出：兩個人之間普通的交談，通過語言傳播的資訊還不到百分之三十五，而非語言資訊則傳遞了百分之六十五以上的內容。作為一名談判者，應該具有豐富的非語言傳播知識。掌握這些，對於洞察對方的心理狀態有很大　明。

察言觀色要求仔細觀察對方的言談舉止，捕捉對方內心活動的蛛絲馬跡，並思索這類行為的心理因素。談判時的語調最好低沉一些，顯得沉穩大方，語調偏高的人應設法練習降低語調，發出沉穩迷人的聲音。

談判時語速要適宜。開車時有低速、中速和高速之分，講話也應依照實際情況適當地調整速度。同理，說話時也要依照談判情況調整語速。

要注重語句與表情的配合。每個字、詞、句都有它的意義。單用詞句表達意思是不夠的，還必須加上神情與姿態，這樣談話才會生動感人。

另外，談判時的措辭要有一定水準。一個人在交談時的措辭，猶如他的儀表和服飾，直接影響談話的效果。對於難念的字眼，發音必須力求準確，因為這可以在無形中表現出一個人的學識和教養。

總之，對談判者而言，注意細節是捕捉對方資訊的必要方法。因此除了傾聽之外，仔細觀察、收集對方發出的無聲資訊，也是十分重要的。正如一首老歌所唱：「細小的一舉一動，自有意義無窮。」只要把這樣的一舉一動把握好，就能掌握談判的主動權。

用正確的提問方式掌握談判的主動權

提出問題的時候，應該事先讓對方知道你想從這次談判中得到什麼。如果對方明白了你的意圖，有的放矢地做出回答，你就可以掌握大量資訊，從而掌握主動權。

巧妙的提問，才是口才好的標誌。怎樣才能問得巧呢？首先是選擇恰當的提問形式。

限制型

這是一種目的性很強的提問方法，能幫助提問者獲得比較直接的答案。限制型提問的特點是限制對方的回答範圍，有意識地讓對方在所限範圍內做出回答。

婉轉型

用婉轉的方式和語氣在適宜的時間向對方發問。這種提問是在沒有摸清對方虛實的情況下投石問路。這樣做既可以避免因對方拒絕而出現的難堪，又能探出對方的虛實，達到提問目的。

例如談判一方想把自己的產品推銷出去，但並不知道對方是否會接受，又不好直接問對方要不要，於是可以試探地問：「這種產品的功能怎麼樣，你能評價一下嗎？」

啟示型

這是一種聲東擊西、先虛後實、借古諷今的提問方法，通過啟發對方對某個問題的思考，引導出提問者想要得到的回答。

協商型

如果想要對方同意自己的觀點，應儘量用商量的口吻向對方提問，例如問「你看這樣寫是否妥當」，這種提問方式對方比較容易接受。而且即使對方不能接受你的條件，談判的氣氛仍能保持融洽，雙方仍有迴旋的餘地、合作的可能。

提出問題的時候，應該事先讓對方知道你想從這次談判中得到什麼。如果對方明白了你的意圖，有的放矢地做出回答，你就可以掌握大量資訊。但提問切忌隨意和帶有威脅性，從措辭到語調，提問前都要仔細考慮。提問恰當，有利於駕馭談判進程，反之，將會損害自己的利益或使談判節外生枝。

掌握談判中的語言策略

老練的談判家不會讓對方的心思逃過自己的眼睛和耳朵，會從對方的手勢、表情一直看到對方的心裡。

談判桌上向來是虛虛實實、真真假假。成功的談判者要用心傾聽對方的話，注意對方的措辭、語氣和聲調，從那些看似無意的詞句中捕捉有用的資訊。

此外，人的肢體語言也會傳達許多微妙的資訊，老練的談判家不會讓對方的心思逃過自己的眼睛和耳朵，會從對方的手勢、表情一直看到對方的心裡。

學會否定對方

談判是為了爭取利益，所以應該儘量爭取最大的利益。但根據特定的情勢，做出必要的讓步也是明智之舉。例如當雙方因價格問題而僵持不下時，如果賣方做出靈活姿態，把價格適當壓低一點兒，買方見賣方有誠意，也讓一步，增加訂單數量，於是達成交易，於雙方都有利。如果一方死守自己的條件不放，而對方又無法接受，談判只能陷入僵局，這對雙方都沒有好處。

所以做出有限的讓步，最後不一定吃虧，這是打破僵局、達成一致的一種方法。一切的談判都是以適度的妥協為原則的，這是一個必然。

巧妙地施加壓力

在談判中施加壓力，是憑自己的實力向對方進攻的一種策略，是實力的較量。

施壓包括拒絕要求、拒絕讓步、製造僵局、表示即將退出談判等手段。即使是施加壓力，也不可咄咄逼人，而是要不露痕跡，將施加壓力說成是客觀的、必然的，或己方不得已的行為。施加壓力要採取敘述的口氣，而不是指責的口氣，要採用暗示的方法，而不是從正面威脅。

以弱擊強

以弱擊強也是談判的一個策略，談判桌前的慣用方法是將自己描述成一個處處受節制而不能做出最後決定的人。例如向對方說明「我對該業務不在行」「這件事還得請示我們經理」之類的話，一是為了試探對方的底線，二是為爭取主動，取得談判最後的勝利。

突擊與迂迴結合起來

突擊與迂迴結合起來更有力量，因為迂迴在談判中顯得持之有據，言之有理。

談判時，避開對方正常的心理期待，從一個被對方忽略的地方進行突破，盡可能讓對方的思維、判斷脫離預定軌道。等到對方的心理逐漸適應你的思維邏輯，再轉而實施正面突擊，常常會出現轉機。

一家玻璃廠廠長率團與美國歐文斯公司就引進先進的浮法玻璃生產線一事進行談判，雙方在部分引進還是全部引進的問題上陷入僵局。我方部分引進的方案，美方無法接受。

「全世界都知道，歐文斯公司的技術是第一流的，設備是第一流的，產品也是第一流的。」我方首席代表轉換了話題，先來三個「第一流」，誠懇而中肯地稱讚了對方，這樣的「突擊」，使對方由於談判陷於僵局而產生的沮喪情緒得以消除。

「如果歐文斯公司能夠幫助我們玻璃廠躍居全亞洲的第一流，那麼我們全國人民會感謝你們。」這裡，剛剛偏離的話題，似乎又被拉了回來。但由於前面說的話，已解除了對方心理上的對抗，所以對方聽到這些話時，似乎也覺得順耳多了。

「大家都知道，現在義大利、荷蘭等幾個國家的代表團，正在和我國的幾個玻璃廠進行引進生產線的談判。如果我們這個談判因一點點小事而歸於失敗，那麼不利的不僅是我們玻璃廠，更重要的是歐文斯公司方面將蒙受巨大的損失。這損失不僅是生意上的，更重要的是聲譽。」這裡，我方代表沒有直接提到談判中最敏感的問題，也沒有指責對方缺乏誠意，只是用「一點點小事」輕描淡寫地說了說，目的當然是沖淡對方對分歧的過度關注。同時，指出萬一談判破裂將給美方造成巨大損失，也是替對方考慮。這一點，對方無論如何是不能拒絕的。「目前，我們的確因資金有困難，不能全部引進生產線，這點務必請美國同行們理解和原諒。希望在我們有困難的時候，你們能伸出友誼之手，為我們將來的合作奠定一個良好的基礎。」在這段話中，對方已經成為我方的朋友，雙方不像是在做買賣，而是朋友之間互相幫助，說得通情達理。

經過我方代表的不懈努力，僵局被打破了，協定簽訂了，為這家工廠節約了幾百萬美元的外匯。

突擊與迂迴結合更有力量，因為迂迴策略在談判中顯得有理有據，言之有物。而突擊迂迴中所提及的理由，應該是對方沒有考慮過的，或至少是考慮得不周全的。這樣，說出來的話才有信息量，才會引起對方的注意，並加以思考。

使用這個策略，說話的人態度要始終充滿自信。當談判雙方在某個問題上爭執不下時，自信加技巧是勝利的前提。誰更自信，誰說話更有技巧，誰獲得成功的可能性就越大。

靈活應對談判對手

談判桌上的對手千差萬別，無論經驗如何豐富，都很難做到萬無一失。因此對不同的談判對象要靈活應對，才能有取勝的把握。

談判桌上主要有以下四種對手，針對不同的對手，要用不同的談判技巧：

坦率的對手

這種對手的性格，使他們能直接向對方表示出真摯熱烈的情緒。在磋商階段，他們幾句話就能把談判引向實質性階段，因為他們自身就精於用坦率獲得最直接的利益，所以希望別人也能像他們一樣直接。對付這樣的對手，應該適時保持沉默，可以顯示談判的真誠，但絕不能跟著他們的套路走下去。

冷靜的對手

這種對手在談判的寒暄階段表現得相對沉默。他們很少採取主動，講話慢條斯理，在開場陳述時有條有理，沒有絲毫破綻。他們最擅長提建設性意見。在與這種人談判時，應對他們坦誠相待，保持足夠的冷靜，以其之人之道還治其人之身。

死板的對手

這種人的談判特點是把準備工作做得完美無缺，他們直截了當地表明希望做成交易，準確地確定交易的形式，詳細規定談判中的議題，然後把所有涉及議題的內容確定下來。他們對報價表中的價格非常重視，絕不輕易更改。

死板的人不習慣讓步，討價還價的餘地很小，和他們打交道的最好辦法是在報價之前進行摸底，儘量提出對方沒想到的細節，先行出擊。

愛面子的談判對手

這種人最好對付，他總是有意無意地渴望對方把他看作是大權在握和起關鍵作用的人，喜歡被誇獎和讚揚。只要給足他們面子，對他們大加讚賞，談判就會有良好的結果。

進攻的同時還要注意防守

當談判中的一方實力較強，處於主動地位時，可以依靠優勢直接發起猛攻；當談判中的一方處於被動時，就應該採用防禦策略。

防守與攻擊，是談判中必不可少的兩個方面。在談判時既要做到向對方進攻，盡可能地讓對方同意我們想要的結果。同時也要做好防守，保護好己方不受損害和牽制。

攻擊策略

當談判中的一方實力較強，處於主動地位時，可以依靠優勢直接發起猛攻。

為了說服對方接受某個主張，可以反其道而行之，提出一項相反的主張，這就是逆向談判法。有的談判者總懷疑對手，所以很難說服這樣的談判者接受他人的建議。對此，故意提出截然相反的建議，反而能誘導對方接受前面的資訊。

最後期限法也比較有效。大多數談判都是到了最後期限才能達成協議。談判開始時規定最後期限，也是一種談判策略。心理學專家指出：當最後期限到來時，人們迫於期限的壓力，會迫不得已改變原來的主張，以求儘快解決問題。

在談判中常有這樣的情況，在談判開始時，就告知對方最後期限，對方原本並不注意，但隨著期限的臨近，內心的焦慮就會漸漸增加，並表現出急躁情緒。等到了截止日期，不安和焦慮就會達到高峰。

防禦策略

當談判一方處於被動時，就應該採用防禦策略。防禦策略包括以下幾方面：

避重就輕：談判的目的是要使雙方都得到利益上的滿足，當談判出現僵局時，在次要利益上可以做出讓步，但在重要問題上仍要堅持自己的主張。

抑揚對比：「抑」是貶低對方的條件，「揚」是適當時誇張己方的優點。在談判過程中，當對方趾高氣揚，宣揚自己的優勢，形成壓迫感時，自己這一方可以根據自己的詳細資料，採用抑揚對比的策略。

緩兵之策：當對方佔據主動，己方不能接受對方要求導致談判陷入僵局時，可以採用緩兵之策。例如宣佈休會，以爭取更多的時間制訂應對策略。

讓步策略：在商業談判中，雙方常因為某個問題爭論不休。如果沒有一方願意讓步，談判是不可能成功的。讓步是保證談判成功的策略，而每一個讓步，均應考慮其對全域的影響。

談判桌上的「五忌」

在談判中，即便是談判高手，也有失敗的時候。「智者千慮，必有一失」，對處於弱勢的一方來說，只要抓住這「一失」，就能轉弱為強，反敗為勝。

忌低估自己

激烈的競爭可以激發個人的潛能，大部分人擁有的能力比他們想像的要大。因此在談判時絕對不能承認自己是弱者，不要低估自己的實力，否則談判之前就輸了。

忌被對方身分嚇倒

人們習慣於區分級別，往往把這種態度也帶到談判桌上來。要記住，有的專家是偽裝的，有的博士跟不上時代，有的權威人士缺乏影響力，有的人儘管擁有很高的地位，卻根本沒有勇氣證實自己的理念。所以不要被對方的頭銜和地位嚇住，應保持懷疑的態度，敢於挑戰，才能取得勝利。

忌太早暴露全部實力

逐漸展現自我的力量，比馬上暴露出全部實力更有效。慢慢地展現力量，給對方壓力，促進其改變意見，並且給雙方一個緩衝的時間，從而適應和接受彼此的觀點。

忌過分強調自己的困難

不要過分在意你可能遭到的損失，也不可過分強調自己的困難。即使談判已陷入僵局，也要關注對方的行為，隨時觀察對方存在的問題，才有可能利用一切機會，擺脫窘境。

忌接受最初的價格

假如對方第一次出價高於預期，許多人會立刻接受。實際上，最好不要輕易接受對方的第一次出價。原因有兩個：首先，在談判過程中，對方可能會再做一些讓步；其次，拒絕會使對方有一種摸不著頭腦的感覺，以為自己出價太低。而不管是哪一種情況，太快接受對方的出價都是不妥當的。

遵守商務談判的法則

如果沒有準備好，就不要開始談判。要拒絕「嘗試談判」的誘惑，因為沒有未卜先知的聰明人。盡一切可能瞭解對方，才是勝利的前提。

商務談判指不同的經濟實體為了各自的經濟利益，為了滿足雙方的需要，通過溝通、協商、妥協、合作等方式，把一些可能的商機確定下來的活動過程。商務談判有特定的法則。

只有在非談不可時才談判

商業上有一個原則：努力使自己處於一種沒有必要進行討價還價的地位。

如果想不進行討價還價就得到想要的一切，而且十分確信那就是己方所能得到的一切，那麼只需把自己訂下的條款說出來，堅決不讓步就夠了。絕不要因想做成生意的一時衝動而背離這一立場，必須讓對方感到只能在枝節問題上交涉，核心問題是不可以談判的。

除非已有充分準備，否則不要和對方討論任何問題。

通常，談判最初的一刻鐘便可以確定談判的總體框架，但後面的談判總是一輪接著一輪，花在辯論和爭執上的時間很長。這就要求談判者必須事先有所準備。而如果一方準備得不充分，那麼他們是無法佔據主動位置的。

總之，如果沒有準備好，就不要開始談判。要拒絕「嘗試談判」的誘惑，因為沒有未卜先知的聰明人。盡一切可能瞭解對方，才是勝利的前提。

不可強求和戀戰

對於喜歡但無法獲得的東西，人總會產生強烈的獲取慾望，但對於談判者而言，雖然對某件事有強烈的獲取慾望，但不應流露出來，更不可強求。否則談判的力量將被大大地削弱。

談判者應該做的是對於對方的提議不要表現得太熱心，只要讓對方感到你對此有興趣即可，這會增加自己談判的力量。

向對方施加壓力要有分寸

為了扭轉談判中的不利局面，促使對方降低原先的要求，往往需要施加適當的壓力。在向對方施加壓力時，一定要注意一點：向對方施加的壓力越大，對方反擊過來的力量也越大，甚至可能造成談判破裂。所以在施加壓力時，掌握分寸是十分重要的。

不要踏入談判的誤區

商業談判是為了做成生意，尋求共同的利益，所以應當避免不必要的衝突和對

抗。**同時不要忘記，談判既然是利益之爭，就不可能沒有衝突和對抗。**

談判中，人們很容易進入某些誤區，使談判的困難大增。讓我們看看以下這四個誤區：

話多露底

有些談判者是話多的人，一坐下來，不等對方設圈套，三言兩語就把自己的「老底兒」和盤托出，從一開始就處於被動。因此要記住，不能透露過多情況。「說者無意，聽者有心」，任何一句看似不經意的話都可能成為對方反擊的把柄。

未經思考表態

在談判中，有的人不經仔細思考就表態，接受對方的方案，繼而發覺不太妥當，再想改口就難了。

正確的做法是不急於表態，而以反問的形式弄清對方提出的實際內容是什麼，對己方是否有利，再做決定。輕易地接受空洞的條約，往往是掉入陷阱的開始。

迴避一切衝突

商業談判是為了做成生意，尋求共同的利益，所以應當避免不必要的衝突和對抗。同時不可忘記，談判既然是利益之爭，就不可能沒有衝突和對抗。迴避一切必要的衝突恰恰是對權利的放棄。

對方要求你讓步，你就一聲不吭地同意並做出讓步，這種談判當然不會有衝突和對抗，但爭取自己的利益就成了天方夜譚。一個好的談判者應該設法避免不必要的對抗和衝突，但絕不畏懼對抗和衝突。在該爭取的利益上，不輕易後退半步，這樣的人反而會受到對手的尊敬。

以退出談判相威脅

退出談判是萬不得已的決定，這意味雙方交易結束，又得重新選擇新的生意夥伴，可能因此而失去銷售的最佳時機。因此一個好的談判者要有耐力，要磨出結果來。看到談判目標可能無法實現，就沉不住氣、失去理智，以退出談判威脅對方，這只是軟弱無能的表現，不但不能逼迫對方就範，反而容易激發對方的對抗心理。

有時沉默比雄辯更有力量

沉默不等於沒有態度，在某種意義上來說它是一種積蓄和醞釀，是等待爆發的

過程。那種深邃的思想，正是來源於這樣沉默的思考過程。

「沉默是金」是一句很樸素的話，卻蘊含了發人深省的哲理。有些人一談到辯論，便會說起如何說服對方、怎麼顯示口才，總有這樣一種誤區，覺得必須把聲音提得特別高才有氣勢，才能壓倒對方，取得勝利。這種想法其實是錯誤的，效果甚至會適得其反。

沉默具有特殊的意義。沉默不等於沒有態度，在某種意義上來說它是一種積蓄和醞釀，是等待爆發的過程。其實這種形式上的靜止，並不能代表思想上的停滯。那種深邃的思想，正是來源於這樣沉默的思考過程。

有一個善於運用沉默的人，他就是戰國時候的范睢。當秦昭襄王第一次召見他時，范睢所採用的便是沉默說服法。

當時秦昭襄王在位已經三十六年，但國家軍政權力仍掌握在他的母親宣太后和叔叔穰侯的手中，昭襄王無法獨立執政，不能進行變革。范睢就是在這時到達秦國的。

他先給昭襄王上書，說自己有辦法使秦國強大，還暗示了如何處理昭襄王與宣太后關係的問題。昭襄王覺得很有道理，便召見范睢。

在召見那天，范睢故意事先在接見地點四處閒逛，昭襄王駕到時，侍臣看到有人在附近，便喊道：「大王駕到，迴避！」范睢故意提高聲音說：「秦國哪有什麼大王，只有宣太后和穰侯！」這話說中了昭襄王在心中積壓許久的痛。

接見范睢時，昭襄王說：「早該拜見先生，只是政務煩心，每天去請示太后，所以拖到現在。我生性愚鈍，請先生不要客氣，多加教誨。」但范睢一言不發，只是向四周顧盼。大廳內氣氛十分凝重，群臣們不安地關注事態的發展。

昭襄王猜想可能由於眾大臣在場，范睢有所顧忌，就摒退眾大臣，但范睢仍然一言不發。昭襄王於是問道：「先生用什麼賜教我？」范睢開了口，說：「是，是。」一會兒，昭襄王又一次請教，范睢仍只是說：「是，是。」如此重複了好幾次。

後來，昭襄王長跪不起，說：「先生不肯指教我嗎？至少也該解釋一言不發的理由吧！」這時，范睢才拜謝道：「不敢如此。」於是滔滔不絕地談下去，而內容就是著名的「遠交近攻」策略，同時也談及宣太后、穰侯等人獨斷專權、架空昭襄王一事，並提出應對策略。秦昭襄王聽了范睢的話之後十分讚賞，馬上任命他為顧問。幾年後，又讓范睢做了秦國宰相。

後來，昭襄王對范雎說：「過去齊桓公得到管仲，時人稱他為『仲父』；現在我得到您，也要稱您為『父』！」

而在現代，也有人刻意運用沉默作為說服的方法，這人就是尼克森。

在與甘迺迪的競爭失敗之後，一九六八年，尼克森再度角逐美國總統。由於有過慘敗的經驗，這一次他徹底改變了形象。其戰略之一就是「無言的說服」。在邁阿密召開的共和黨大會中，尼克森刻意沉默，以求在黨員心目中建立「自信強者」的形象。若非開口不可，所談的也僅僅是「法與秩序」，以及「我一定全力以赴」，任何政策都絕口不提。尼克森的無言戰略果然奏效，他最終以微弱優勢擊敗了民主黨候選人漢福瑞，洗刷了一九六〇年大選失敗的恥辱。

這種無言戰略，並不是什麼新穎的說服方法。中國古代賢人中，尤以老莊為代表，把這種無言的方法看得十分重要。

「不言之教，無為之益，天下希及之。」很多時候沉默比雄辯的力量更強大。

第十三章

媒體藝術：在公眾面前彰顯風采

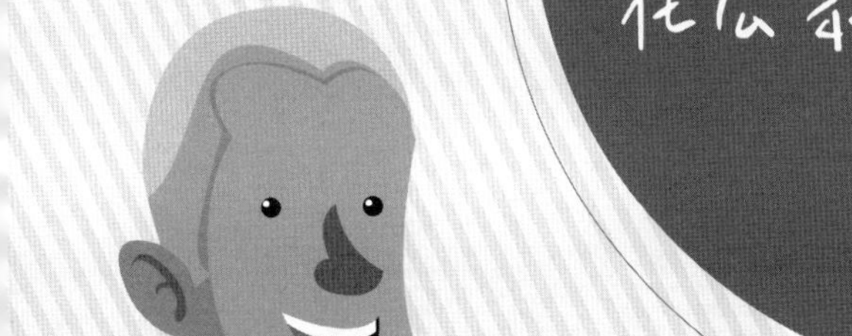

掌握接受採訪的語言技巧

想要提高自己應對記者提問的水準，可以多看看知名人士的回答。他們的回答往往會博得陣陣掌聲，其中一個主要原因就是他們的話真誠而簡潔，一是一，二是二。

保持良好儀態

領導者接受採訪，一定要保持良好的儀態。首先是姿態要端正。坐姿端正，舉手投足動作也不要太大，不可坐立不安，舉止失態。其次，面向觀眾講話時應該避免左顧右盼，並做到說話語速適中，節奏平穩。太快的語速會給人沒見過大場面的感覺。

抓住採訪主題，做好充分準備

即使採訪中的問題領導者已經事先得知，怎麼回答也很清楚，但還是要事先準備幾遍。演講或回答的稿子不要原話照搬，領導者在回答問題時，必須將自己的性格和特點表現出來，自己的語言代表了自己的形象，一個只會背稿子的領導者讓人覺得沒有真才實學，難以讓人信服。

回答提問坦率真誠

談話中不宜拖長音，像「啊」、「是嘛」這樣的官腔，說得太多別人就會厭煩。其實，想要提高自己回答記者提問的水準，可以多看看知名人士的回答。他們的回答往往會博得陣陣掌聲，其中一個主要原因就是他們的話真誠而簡潔，一是一，二是二。

對於一時無法回答的問題，可以直言相告：「對不起，這個問題我無法回答。」、「這個問題在這裡一時半會兒講不清楚，可以改天單獨交流。」回答的時候要面帶微笑，就算問題很尖銳，或者提問的人態度不好，領導者也要心平氣和。

創造輕鬆友好的氣氛

任何情況下，被採訪者都要注意與記者、觀眾的交流，很大一部分交流體現在語言表達和眼神注視上。措辭上要儘量用一些幽默的詞語。而目光交流則要求領導者適當環視四周，可以點頭問候，或目光交流，讓別人感覺被注意到了。

靈活應對不同形式的採訪

那些隨口說出的話，無論是在採訪前、採訪中，還是採訪後，都可能會成為被引用的對象，所以要格外注意。

作為領導者，只有在充分瞭解媒體各種採訪形式後才能從容面對，充分發揮自己的語言優勢。

面對面採訪

如果記者要進行面對面採訪，被採訪者通常會提前得到通知，這樣就有很多時間進行準備。在進行實際採訪時，溝通的方式有時要比講話內容更重要。

採訪的目的是得到錄音、錄影片段和現場情況等資訊，其中通常會涉及周圍的環境和聲音，所以要事先檢查工作環境。其次，在接受採訪時注意自己的面部表情和肢體語言，避免流露出負面資訊。

同時，那些隨口說出的話，無論是在採訪前、採訪中，還是採訪後，都可能會成為被引用的對象，所以要格外注意。

電話採訪

毫無疑問，進行電話採訪時，記者會錄音。如果不能確定是否有電話錄音，可以事先詢問清楚以便做準備。接受電話採訪時一定要發音清晰，語速放慢，在聲音中表現自己的自信，對關鍵字可以適當強調，不要因為對方沉默而感到有壓力。

在回答每個問題之前，都可以稍微停頓一下，整理好思路。雖然看不到對方的面部表情，但可以調動自己的情緒，讓語調充滿熱情。

熱線廣播節目

如果被邀請當某節目的現場來賓，就事先要瞭解這個節目是怎樣安排的，聽眾是否會跟來賓長時間互動，主持人是否會介入，什麼時候介入。

作為來賓，目標是和那些打來電話的熱心聽眾溝通，回答聽眾的問題。所以應該努力與熱心聽眾建立良好關係，回答問題前先確認對方的提問，然後再進行作答。如果發現對方不願意接受自己的觀點，也不要動怒，只要禮貌地表示尊重對方的選擇，然後接聽下一個電話即可。

必須要注意的是一定要對熱心聽眾表示尊重，即使對方對態度不好，來賓也可以在其他聽眾那裡贏得好感。

應對媒體要講究策略

應對媒體時要講究策略，不能逃避，但又不能過分親近。

應對媒體主要有以下幾個策略：

「硬新聞」策略

通過活動、新聞發布會等方式來吸引媒體關注，或者通過「呼籲」等形式讓事件變得具有戲劇性、衝突性，從而吸引媒體報導。

當然，「硬新聞」策略有其消極的一面，它時效性比較強，所以影響力很快就會減弱，但是在受眾心目中形成的某種印象卻很難改變。所以通常情況下，使用這種方法的主要目的在於給相關機構施加壓力，或是攻擊自己的對手。這是一個臨時性的方法，並非長久之計。

「軟新聞」策略

「軟新聞」策略屬於一種深度報導策略，常用方式是在媒體的專題版面或者是訪談節目當中接受專訪。這就要求被採訪者必須投入較長的時間去準備，保持耐心，並且與相關的製片人、記者保持融洽的關係。不僅新聞要有價值，而且雙方要達成一定的共識，都認為這件事十分重要，需要報導。

快速回應策略

快速回應策略用於所有因素都已經準備就緒的時候，萬事俱備，只欠東風。如果執行到位的話，可以通過這個策略使那些攻擊你的人反受其害。從大局考慮，或是從直面問題的角度做出回應與回擊，作用更加明顯。

巧妙應對敏感問題

對於敏感問題，在肯定的同時，要闡明問題的原委、發生的原因。如果是決策失誤，不要一味地推卸責任，應該主動承擔責任，這樣至少會留下誠實守信和負責任的企業形象。

有些記者為了追求新聞效果，經常對某些問題追根究底。特別是對那些特殊而敏感的問題，例如對企業遇到困難的傳言等，記者更感興趣，一般都要提問和求證。

對於這類問題，領導者可以選擇如實回答，但回答也有技巧，不能只說一個「是」字就結了。如果只是單純地承認，經新聞媒體傳播，很容易形成企業發展已經遇到困難的輿論。

所以正確的方式是在做出肯定回答的同時，闡明問題的原委、發生的原因。如果是決策失誤，不要一味地推卸責任，應該主動承擔責任，這樣至少會留下誠實守信和負責任的企業形象。

但這樣工作只是完成一半。更重要的部分是講述和宣傳企業採取的對策，以免讓觀眾對企業失去信心，而且如果對策已經取得了成效，則必須要在這種場合表明，因為這是最有效的宣傳機會。在表達的時候，多運用具體資料會更有說服力。

如果這些措施的效果能夠在可預見的時間內最大限度地顯現，也可以一起講出來，比如：「隨著金融危機影響的減弱，我們又採取了一些積極措施，預計三個月後業績下滑問題會得到控制。」

但是必須注意，講述預期效果一定要給自己留有餘地，如果到時候承諾無法兌現，企業就會更加被動。這樣的表達不僅沒有起到正面宣傳作用，還損害了企業和領導者的形象。

從容應對記者提問

領導者在很多場合都難免遇到記者的提問，領導者必須要有清醒的頭腦，從容地面對。

應對現場採訪的實況直播時，回答記者提問需要注意以下這幾點。

坦率真誠

回答問題要坦率真誠，要儘量面帶笑容，即使記者提的問題不好回答或是具有攻擊性，被採訪者也要心平氣和，及時糾正資訊中的錯誤，保持謙虛而友好的態度，從而營造良好的談話氛圍。

巧妙迴避

一些記者，尤其是外國的記者，很可能直截了當地提出各種棘手的問題，而接受採訪的領導者可能事先沒有思想準備，或還不宜就這些問題向外界發表意見。這時不必打斷或終止記者的提問，以顯示領導者的禮貌。但在回答問題時，切忌被記者牽著鼻子走。領導者要儘量把內容引向自己熟悉的領域，可以採取巧妙迴避的方法，把主題拉回來。而對於涉及內部機密的事項，則要婉言謝絕，不予回答。

分清內外

總體來講，本國的記者有政治紀律和文化傳統的約束，提出的問題相對比較溫和，一般比較好回答。相對地，國外記者的價值觀、政治信仰、社會制度和民族習慣都與我們不同，在嚴肅感和新聞性、政治性上都與我們有差別。

所以對那些不是善意的，或是別有用心的，喜歡提古怪刁鑽問題並專門渲染消極面的外國記者，領導者在回答問題時就要格外慎重。

當然，領導者與外國記者的接觸要有明確的目標，就是要使我們企業和機構被越來越多的人所瞭解，同時，也讓越來越多的外國記者成為我們的朋友。所以在答外國記者問時，要考慮的因素比較多，不僅有個人、企業形象的因素，還有國家因素在裡面，必須深思熟慮。

有聲與無聲相結合

言語溝通是媒體採訪重要的組成部分，但非言語溝通對樹立企業形象也是必不可少的。只有做到兩者協調統一，才能展現給媒體和大眾最完美的企業形象。

在和媒體打交道時，既要有言語溝通又要有非言語溝通。言語溝通又叫有聲溝通，是媒體採訪重要的組成部分，但非言語溝通（無聲溝通）對樹立企業形象也是必不可少的。做到兩者協調統一，才是最完美的。

有聲溝通

跟受眾當中的某一個具體的人進行交流時，領導者儘量不要讓自己的話聽起來過於正式，最好像一對一的交談一樣，語言充滿熱情，保持友好的態度，同時要注意禮貌。

語言要簡潔：注意不要總出現「啊」「呃」等無意義的詞語，而且最好可以在每個詞之間都保持一定時間間隔。

控制語速：語速太快，受眾就會產生一種反感，會感覺講話者緊張、匆忙或想儘快結束談話。接受採訪的過程中一定要隨時調整語速，使自己的講話顯得更加穩重。

聲調富於變化：通過強調言語中的關鍵字，可以讓自己講話的方式更富於變化，使氣氛更活躍。

適時停頓：在關鍵字之前或之後有意識地停頓，可以突出這些關鍵字，並且會讓大家感覺講話的人在思考。

簡單直接：清晰直白的語言是至關重要的，因為有助於理解。不要過度使用專業術語，不要總說冗長的句子，這樣做只會讓聽眾產生迷惑，感到厭煩。

無聲溝通

講話的人姿態要得體，讓受眾感覺講話的人穩重幹練。

首先，講話時上半身要挺直，不要聳肩或身體前傾。雙腳應該平放在地上，雙肘輕放在椅子扶手上，雙手不要交叉在一起，也不可斜靠在一隻手臂上或是雙手抱胸，這樣的姿態會讓人感覺你充滿防禦心理。還要注意不要把腦袋歪向一邊，這樣會讓人感覺講話的人內心焦慮或虛弱。

其次，要注意自己的面部表情。生動的面部表情會將感情和語言連接起來。可以適當地微笑，舒展眉頭，但不要用無謂的表情轉移觀眾注意力，必須把握好沉穩與熱情間的平衡。同時注意跟採訪者保持目光接觸，但不能直愣愣地盯著對方，錄影時要看著鏡頭。

該說則說，不該說的不說

領導者與新聞界人士交談時，所涉及的問題可能是多種多樣並且可能是敏感的，這就要求領導者把握好語言的分寸。

所謂分寸，是指講話的人對政策、理論尺度的準確感知與把握。分寸感是衡量領導者政治素養與思想水準的重要尺度，它要求領導者在與記者交談時，態度和感情都要恰到好處，不能不夠，也不能過火。過猶不及這一點應該牢記於心。

要準確地把握發言的政治分寸，需要說話的人增強政治素質，提高思想修養。

此外，把握分寸還體現在說話的數量上，「言多必失」就是這個道理。美國公關專家特意指出，和記者打交道時，首先要考慮記者的工作，其次才是私人關係。

如果記者雖被告知說某消息或評論是「不許見報」的，但記者仍報導了它，並不一定意味著記者存心跟某人作對，而是出於職業道德的考慮，他認為讓公眾知道比維持私交更重要。所以當在發布會上，記者收拾設備要離開時，許多被採訪者往往容易放鬆警惕，說出過於隨意或有損於企業形象的話，必須注意。

所以面對採訪，有一條最基本的原則，就是不要什麼都說，即便記者關上了答錄機，收起了照相機和攝影機，被採訪者也只能對記者講自己認為可以公布的資訊。

面對突發採訪保持鎮定

面對突發採訪，切忌慌亂、手足無措，這會給企業和自己的形象帶來不良影響。

並非所有採訪都是事先安排好的。很多時候領導者可能突然遭遇記者「圍攻」，比如剛剛開完重要會議走出門來，迎面而來的不是陽光，而是一道道照相機閃光燈的白光。這個時候才是考驗領導者口才的重要時刻。那麼如何面對突發採訪呢？

事先做好心理準備

領導者被記者關注，說明近日企業肯定發生了讓媒體感興趣的焦點問題，如企業的人事變動、企業經營狀況的變化、社會上關於領導者個人生活的傳言等等。這些問題領導者本人都應該心中有數，至少有所耳聞，所以應該想到可能會遭到記者的「圍追堵截」，因此應事先有所準備，比如會遇到哪些問題、自己將如何回答等。自己先想一想，或徵求他人意見，尋找最好的答案才是上策。

保持鎮定與風度

被提問時切忌慌亂、手足無措，甚至對記者出言不遜，這會給企業和自己的形象帶來不良影響。首先應該做的是保持鎮靜，讓頭腦清醒。該面對的始終要面對，該來的始終要來。逃避不能解決問題。

回答問題要謹慎

對那些可以回答的問題，儘量對新聞記者予以配合，有條理地謹慎回答。如果實在無法立即回答，最好與記者約定接受採訪的時間，以消除大家的疑慮，也為自己贏得一些考慮與緩衝的時間。

而如果實在不便回答問題，要儘量控制自己的情緒，保持得體的風度。不能氣急敗壞地亂發脾氣。

第十四章

演講藝術：用語言抓住聽眾的心

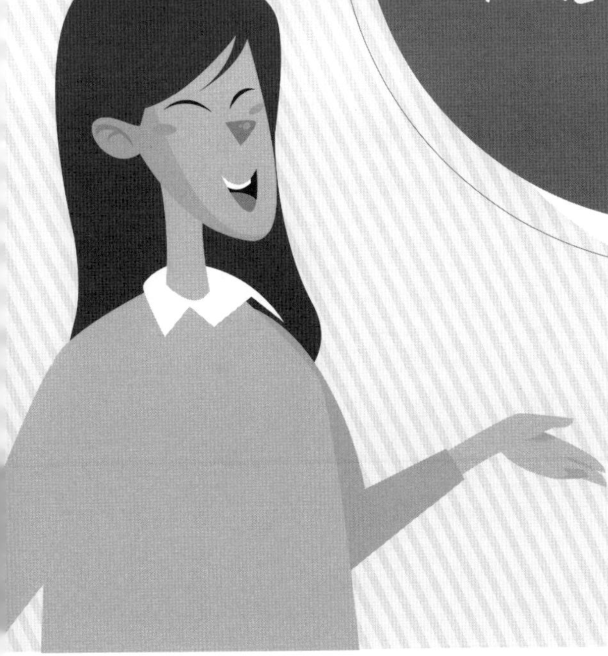

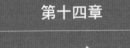

打好腹稿，做到胸有成竹

做任何事，如果都能做到胸有成竹，臨場就不會亂了陣腳。要當眾演講，必須具備打腹稿的能力。

美國公共演講問題專家理查總結出一套精選的打腹稿的方法。他認為即興演講應分為三個步驟：

首先是開門見山。

開門見山的意思是必須在演講開始時，激起聽眾對你演講內容的濃厚興趣。他主張演講開始就直接道出主題。

其次，講清楚演講的原因。

這部分應該講明的是聽眾為什麼要聽你的演講，演講的內容要讓聽眾感到和自己有直接的利害關係，這樣易於吸引聽眾。

最後，舉例子。

如果想把論點形象、簡潔地傳遞給聽眾，就必須採取舉例的方法。生動的事例不但可以深化記憶，激發興趣，還能起到拓展主題的作用。

在最後這一步，演講者一定要告訴聽眾，自己談這麼多，到底是想讓大家做些什麼，而且最好結合具體案例申明得具體一些。

一上臺就抓住聽眾的心

俗話說，萬事開頭難。演講也是如此，在說開場白時，用三言兩語抓住聽眾的心絕非易事。如果演講開始就給聽眾留下無聊的印象，以後就很難改變。

演講者一上臺就一本正經地演講，會有生硬的感覺，讓聽眾覺得難以接受。所以不妨以眼前的人和事為話頭，由此展開，把聽眾不知不覺地引入演講之中。

一八六三年，美國葛底斯堡國家烈士公墓竣工。落成典禮那天，國務卿埃弗雷特站在主席臺上，四周的人群、麥田、牧場、果園、連綿的丘陵和遠處的山峰歷歷在目。他心潮起伏，感慨萬千，立即改變了原先想好的開頭，從此情此景談起：

「站在明淨的長天之下，從這片經過人們終年耕耘而今已安靜憩息的遼闊田野放眼望去，那雄偉的阿勒格尼山隱隱約約地聳立在我們的前方，兄弟們的墳墓就在我們腳下，我真不該用我這微不足道的聲音，打破上帝和大自然所安排的這意味無窮的平靜。但是我必須承擔你們交給我的責任，我祈求你們，祈求你們的寬容和同情……」

這段開場白語言優美，節奏紓緩，感情深沉，人、景、物、情是那麼完美而自然地融合在一起。當埃弗雷特剛剛講完這段話時，不少聽眾已熱淚盈眶。

需要特別注意的是即興演講不是故意繞圈子，所以切忌離題萬里、漫無邊際。演講者必須自己心中有數，才能讓所講內容與主題相互輝映。

演講的語言要簡潔明瞭

在演講中，想要做到語言簡潔，一定要注意句式變化，多用短句，少用長句。

說話簡潔明瞭，一語中的，而又含蓄蘊藉，這不僅是好口才的基本要求，也是演講的最高境界。

某位專家有一次被邀請到一個學術會議上發表講話。在他前面有另外兩個教授先講，這兩個教授講話空洞無物，講的時間又特別長。等他們講完，台下的與會者早已經被折磨得疲憊不堪。

這位專家走上講臺後，望了一下臺下，用力敲了敲桌子，然後提高嗓門，只說了一句話：「紳士的演講，應該像女士的超短裙一樣，越短越好。謝謝大家，我的演講結束了。」台下頓時爆發出了雷鳴般的掌聲。這一句話，堪稱演講史上簡潔用語的典範。

這就是簡潔的力量。好的演講總是字字珠璣、簡練有力，讓人印象深刻。幾乎所有演講大師都是這樣做的。

最短的總統就職演說是一七九三年華盛頓的就職演說，僅用了一百三十五個英語單字。

法國前總理洛朗・法比尤斯也是這方面的楷模，一九八四年七月十七日，五十七歲的他在發表演說時，演講詞只有兩句：「新政府的任務是實現國家現代化，團結法國人民。為此要求大家保持平靜和表現出決心，謝謝大家。」語言真誠，措辭委婉，表達精闢。

在演講中，想要做到語言簡潔，一定要注意句式變化，多用短句，少用長句。短句的表達簡潔明快，活潑有力，可以十分乾脆地敘述事情，也可以充分地表達出緊迫、激動、熱情的情緒，或者傳遞出堅定的意志和肯定的意味。因此短句很適合在演講的場合中使用。

帶著真摯的感情去演講

我們都是擁有感情的人，真摯的感情是做事成功的基本要素之一，當一個人帶著真摯的感情去做事時，他已經成功了一半。

「假如你緊握雙拳來找我，我想我也會不甘示弱。」美國第二十八任總統伍德羅·威爾遜這麼說，「但如果你對我說『讓我們坐下討論討論，看問題的癥結在哪裡』，那麼我是可以接受的。」

一時的憤怒只能使矛盾激化，對解決問題沒有一點兒幫助。充滿憤怒的聲調和敵對的態度，並不能夠讓爭吵的雙方讓步。這樣做的結果更多是彼此失掉和氣，甚至反目成仇。所以不妨用富有人情味的方式「化敵為友」。

一九一五年，科羅拉多州發生了美國工業史上最激烈的罷工，憤怒的礦工要求科羅拉多燃料鋼鐵公司提高薪水，當時小洛克菲勒負責管理這家公司。由於群情激憤，公司的財產遭到破壞，軍隊前來鎮壓罷工工人，可以說是民怨沸騰。

小洛克菲勒花了好幾個星期拜訪員工的家庭，並向罷工者發表演說。

「這是我一生中最值得紀念的日子，因為這是我第一次有幸和這家大公司的員工代表，還有公司行政人員和管理人員見面。我很高興站在這裡，有生之年都不會忘記這次聚會。假如這次聚會提早兩個星期舉行，那麼對你們來說，我只是個陌生人，我也只認得少數幾張面孔。上個星期以來，我有機會拜訪附近整個南區礦場的營地，私下和大部分代表交談過。我拜訪過你們的家庭，與你們的家人見面，因此現在我們不算是陌生人，可以說是朋友。基於這份互助的友誼，我很高興藉著這個機會和大家討論共同利益的問題。」

「由於這個會議是由資方和勞工代表所組成的，承蒙你們的好意，我得以坐在這裡。雖然我並非股東或勞工，但我深感與你們關係密切。從某種意義上說，我也代表了資方和勞工。」

小洛克菲勒的演說精彩絕倫，不但平息了眾怒，還為他自己贏得了不少讚賞。

我們都是擁有感情的人，真摯的感情是做事成功的基本要素之一，當一個人帶著真摯的感情去做事時，他已經成功了一半。

氣氛熱烈，聽眾的熱情才會高漲

不能營造熱烈的氣氛帶動聽眾情緒，場面冷冷清清的話，就稱不上成功的演講，也起不到好的效果。

演講的氛圍很重要。氣氛熱烈，聽眾的熱情高漲，演講才算成功。那麼怎樣才能營造熱烈的氣氛？當場面冷清的時候，演講者可以隨機應變，給聽眾以積極的刺激。

一位專家應邀在學術會議上做演講。到了會場以後他才發現，來的人非常少，台下冷冷清清地只坐了十幾個人。他覺得有點兒尷尬，可又不能不講，於是他靈機一動，說：「會議的成功不在人數多少，中國共產黨第一次黨代會只有十二個人參加，可是意義非凡。今天也一樣，來的都是菁英，所以我更要講好。」

這番話一說，大家都被逗得開懷大笑，現場的氣氛活躍起來，再加上這位專家表現得充滿激情，在聽眾極少的情況下演講也取得了成功。

其實不僅演講如此，生活中很多場合都需要一定的氛圍。比如每逢春節，家家戶戶貼春聯，人們能藉此感受到過年的氣氛；店鋪開業時，總要掛滿彩旗，擺滿有關單位、親朋好友贈送的花籃，門口站著身披彩帶的迎賓小姐，商家其實就是通過營造一種熱鬧氣氛來吸引顧客的注意，達到宣傳目的。一場電影將要上映，為了吸引更多的人前來觀看，也需要營造一定的氛圍，這就是「造勢」。只有「勢」造得好，宣傳的效果才會好，觀眾才受感染。

讓演講的開場白富有吸引力

為了使演講開場白富有吸引力，可以在一開始就製造懸念，激發起聽眾的強烈興趣。

想用開場白吸引在場的人，可以運用製造懸念的方法。製造懸念不是故弄玄虛，懸念應在適當的時候解開，使聽眾的好奇心得到滿足，同時也要讓前後內容互相照應，結構渾然一體，才不致有紕漏。

想要在演講的開頭吸引人，還有一些辦法，比如向聽眾提幾個問題，請大家和演講者一同思考，可以迅速引導聽眾進入共同的思維空間。之後再把自己的見解講出來，自然可以使聽眾願意把話聽進去。

開場白要吸引人，必須在語言上下功夫。生動活潑的語言也能夠活躍現場氣氛，把聽眾的注意力牢牢抓住。

一九九〇年，大陸中央電視臺邀請淩峰參加大陸春節聯歡晚會。當時，許多大陸觀眾對他還很陌生，可是當他說完一段妙趣橫生的開場白後，一下子得到了觀眾認同，演出大獲成功。

他說：「在下淩峰，我和文章不同，雖然我們都獲得過『金鐘獎』和最佳男歌星稱號，但我以長得難看而出名……一般來說，女觀眾對我的印象不太好，她們認為我是人比黃花瘦，臉比煤炭黑。」這一番話妙趣橫生，讓觀眾捧腹大笑，給人們留下了非常坦誠而又風趣幽默的良好印象。

不久，在大陸「金話筒之夜」文藝晚會上，淩峰再次出場。他滿臉笑容地對觀眾說：「很高興又見到了你們，你們很不幸又見到了我。」觀眾大笑，報以熱烈的掌聲。至此，淩峰的名字傳遍了大陸。

這是一種生動活潑的開場白，以自嘲來開場，也可以吸引聽眾注意力。

隨機應變，避免出現尷尬的局面

對於演講時出現的突發事件，大多是演講者是無法預料到的，這就需要演講者隨機應變，臨場發揮，避免出現尷尬的局面。

具備良好的應變和控制能力，就是要把握住聽眾的心理和興趣，及時修正、補充自己的演講內容。

美國大律師赫爾有一次為當事人辯護時，不小心摔倒在台角，衣服破了，帽子也掉了。出現這樣的情況是律師的不幸，本來聽眾應該對此給予同情，可下面卻爆發出笑聲、掌聲和口哨聲。

這時，赫爾很鎮定地站起來，微笑著面向觀眾說：「對不起，各位，此時此刻，我太激動了。一是為我的當事人，二是為了大家，激動得我手足無措。衣服破了不要緊，帽子掉了不要緊，只要真理還在心中。」

律師面對聽眾的嘲諷，不是針鋒相對，而是及時化解。話一出口，台下爆發出熱烈的掌聲，此時的掌聲是發自內心的。

那麼一個成功的演講者需要哪些應變與控制能力呢？

控制感情，掌握分寸

當發生意外情況時，必須保持鎮靜，心態要穩定，然後再控制感情，掌握分寸。不要在講臺上因為驚慌失措而失態。

從容回答，妙語解圍

演講時，常有聽眾提出尖銳的問題，這時候該如何應對呢？演講者要學會從容地回答聽眾的問題，特別是那些十分棘手的問題。如果發火、批評對方，或是強行壓制情緒，只會使自己陷入窘境。不妨採用以誠相待、妙語解圍的辦法，變被動為主動。

將錯就錯，靈活處理

在演講中完全避免說錯話是很困難的。要注意出錯後不要抓耳撓腮，也不要冷場過久。有人得出這樣的結論：在演說中冷場十五秒以上，聽眾就會感到奇怪；冷場三十秒以上，聽眾會竊竊私語，想知道出了什麼問題；冷場時間再長一些，聽眾就會普遍感到不耐煩了。所以演講者萬一說錯了話，不妨將錯就錯，靈活處理。

形象化的語言更容易被理解

法國哲學家艾蘭說：「抽象的東西總是難以理解的，在你的句子裡應該充滿石頭、金屬、椅子、桌子、動物、男人和女人。」

在說話時，要注意使用形象化的語言，在演講中更要注意。形象化的語言讓聽眾更容易理解和接受。一段短小精悍、深入人心的演講，離不開語言的形象化。

某公司的老闆在一次公司的公開會議上這樣說：「我們公司的力量還很小，就好比一塊小石頭；某某公司的力量很大，就好比一口大水缸。只要我們咬緊牙關，不斷努力，不斷創新，我們這塊小石頭遲早會將某某公司那口大水缸砸爛，我們將站在行業的前沿。」

要讓聽眾理解你說的話，還有一項極為重要的技巧，就是用景象描繪。用景象描繪就是使用可以形成圖畫般景象的字眼。善於演講的人，大都是塑造景象的高手。

卡內基總結他的成功之道時說：「景象！景象！景象！它們如同我們呼吸的空

氣一般，是免費的呀！把它們『撒』在演講裡，你就更加能夠打動別人，也會更具影響力。」

一個知道怎麼把話說生動的人，能使所說的景象浮現在聽眾的眼前；而那些不會講話的人，只會使用平淡無味的語言，讓聽眾昏昏欲睡。因此，演講者應該把景象用在演說中，這樣更能感染聽眾，讓聽眾接受自己的觀點和態度。

一篇好的演講稿，講出的話要能夠讓聽眾理解，這是最基本的要求，但這與成功的演講相去甚遠。必須用形象化的語言把抽象變為具體，讓深奧變淺顯，使枯燥變有趣。

形象化的語言可以有效渲染事件發生時的氣氛，使人覺得身臨其境。講話時，選用形象化的詞語，或運用形象化的修辭方式，都可以達到效果。要知道，樸素未必不形象，形象也未必不樸素，要依據演講者的演講內容選擇語言，服務於演講主題，這樣才能準確地表情達意，讓人覺得生動。

只說自己正確，不說別人錯誤

說話者應該機智、委婉地將不同觀點淡化，然後把聽眾引到自己觀點上來，從而使聽眾淡忘自己原來的意見。

在第一次世界大戰結束不久，美國參議院議員洛茨和哈佛大學校長洛維爾，一同被請到波士頓，去辯論國際聯盟的問題。洛茨感到大部分聽眾對他的意見表示反對，可是他決定力爭讓聽眾贊同自己的意見。他在演講中說：

「校長、諸位朋友、諸位先生、我的同胞們：

洛維爾校長給了我這樣一個機會，使我能夠在諸位面前說幾句話，對此我感到十分榮幸。我們兩人是多年的老朋友，而且都是信奉共和黨主張的人。他是擁有最高榮譽的大學校長，是美國極有權威和地位的人，還是一位研究政治最優秀的學者和史學專家。

現在，我們對於當前的重大問題在方法上也許有所不同。然而，在對待世界和平以及美國人的幸福等問題上，我們的目的是一樣的。如果你們允許的話，我願意站在我本人的立場上簡單地說幾句。我曾用簡明的英語說了好多遍了，但是有人對我產生了誤解，竟說我是反對國際聯盟的。其實我一點兒也不反對，我渴望著世界上一切自由的國家都聯合起來成立我們的聯盟，只要這個組織能夠真正聯合各國，各盡所能，爭取世界永久和平。」

聽完這樣一個開頭，一直反對洛荻的人也覺得心平氣和，至少相信他是個正直的人。如果洛荻開始就把信任國際聯盟的人痛斥一番，其結果當然可想而知。相反，他機智、委婉地把自己的觀點和盤托出，聽眾自然願意往下聽。

所以當自己要表達的觀點和他人的觀點相矛盾，自己卻要在矛盾中讓別人相信自己的意見，並拋棄他原有的意見時，不要一上來就針對他人，說別人是錯誤的，能機智而委婉地將不同觀點融合起來，才是上策。

消除恐懼，勇敢地講話

任何演說家都是在經歷過失敗之後才成為雄辯之才的。要知道，詩人可能是天生的，演說家卻主要依靠後天的努力。

古今中外的許多著名人物都曾在當眾講話方面失敗過。國際工人運動婦女活動家蔡特金第一次演講時，雖然早就做過細緻準備，可一上臺，要講的話一下子從腦子裡全溜掉了，大腦出現了空白；作家馬克・吐溫談起他首次在公開場合演說時，說那時彷彿嘴裡塞滿了棉花，脈搏快得像要爭奪賽跑獎盃；英國政治家路易・喬治說，他第一次試著做公開演說時，舌頭抵在上齶，不能說出一個字。

在美國，曾有人以「你最怕什麼」為題詢問了三千多人，排在第一的答案就是最怕在眾人面前講話。

英國歷史上有位叫狄斯瑞利的政治家曾說過，他寧願領騎兵去衝鋒陷陣，也不願在下議院做一次演講。然而，任何演說家都是在經歷過失敗之後才成為雄辯之才的。要知道，詩人可能是天生的，演說家卻主要依靠後天的努力。

為了擺脫失敗發言的陰影，不妨試試如下方法：

把聽眾當作朋友

一般人在與親密的朋友說話時不會怯場，而面對初次見面的不瞭解的人，就會感到拘束。所以把陌生人當作朋友是個很好的方法。

日本有位滑稽演員，為了防止怯場，常在手心上寫一個「客」字，意思是說「不把客人當回事，就不會怯場了」。

經常回想成功的情景

在演講時，多想像一下自己與人侃侃而談，在公眾前成功發言的姿態。如果自己有過成功的演講經歷，反覆回想，就會產生「一定能獲得成功」的信心和強烈的說話慾望，也會使自己的勇氣倍增。

如何避免「卡殼」

假如預感到要「卡殼」，可以提前減速，力爭繞過暗礁，邊回憶邊重新組織自己的思緒和表達。

有人在臺上演講，突然講不下去了，像木頭一樣愣在當場，這就是「卡殼」。事實上，在演講中遇到「卡殼」，甚至講不下去的情況，並非稀罕事，許多人剛開始演講時都會碰到這種情況。造成這種情況的原因主要是缺乏自信，此外，準備不足，對觀眾和環境不熟，也會讓人感到緊張。那麼如何避免「卡殼」情況的發生呢？

調節情緒，學會放鬆

演講時是否正常發揮實力，取決於自己的情緒。一定要放下包袱，調節情緒，讓自己處於愉悅狀態。在上臺前的最後時刻，可以做做深呼吸，拋掉所有的雜念，就會發現自己放鬆多了。

目中無人，心中有人

看到台下黑壓壓的聽眾，有人會嚇得渾身發抖、手足無措，這是「卡殼」的一個重要原因。為了消除這種恐懼，不妨自我肯定、自我欣賞一下，做到「目中無人，心中有人」。演講者可以「藐視」台下的人，甚至認定他們是「一無所知」的，如此一來，恐懼感就會消失了。

聲音響亮，氣勢非凡

聲音要大一些，做到「先聲奪人」。說話的聲音響了，自己的情緒也容易穩定下來。演講過程中應把握整體，思路先行，毫不遲疑地講下去。一旦演講進入了良性循環的軌道，演講的成功就不是問題。

提前處置，沉著應變

要做到臨危不亂，就需要有高超的預見能力與應變能力。假如預感到要「卡殼」，可以放慢講話的速度，邊回憶邊重新組織自己的思緒和語言。如果無可挽回地忘詞了，就立即把提示卡或草稿拿出來，邊看邊講，或是在陷入窘境以前，把主要內容講完，儘快結束演講，來個「見好就收」。

第十五章

交際藝術：聚集人氣才是最重要的

說話要講究一些

口語的作用已滲透到日常生活的各個領域，而人們對說話的要求也越來越高。追求更高層次的口語表達，追求說話的藝術性成了重中之重。

自古以來，人們就都十分重視說話的藝術。在春秋戰國時期，諸子百家著書立說，宣傳自己的主張，對人們的生活和社會的發展起了積極的推動作用。

有人說，現代社會的三大交流必備品是口才、金錢和電腦，其中口才最重要。因為思想的交流、資訊的傳遞都離不開它。

人類的語言分為口語和書面語。這兩種形式都十分重要，而口語則在日常生活中使用頻率更高，覆蓋面更廣。

口語的作用已滲透到日常生活的各個領域，人們對說話的要求也越來越高。追求更高層次的口語表達，追求說話的藝術性成了重中之重。

在商業競爭中，妙語連珠可以佔據主動；進行作戰動員，幾句呼喊就能凝聚軍心，讓士氣大振；調解糾紛，一席懇談，如綿綿細雨，足以化干戈為玉帛；做思想工作，懇切教誨，足以促使庸人立志，浪子回頭。

日常生活離不開口才，無論是待人接物，還是座談、演講、學術辯論，時時刻刻需要發揮語言的功能。人人都會講話，但是把話說得體、說精確，卻並非每個人都能做到。

總之，輕視交往中說話的重要作用，肯定會在交往中處處碰壁。

把話說到對方心坎裡

在選擇交談的話題時，必須顧及談話對象。只有讓對方感興趣的話題，說出來才能吸引對方，談話才有可能繼續下去。

我們也許都有這種感受，和家人、朋友在一起時，話題總是源源不斷。但是一旦遇到了陌生人，就頭腦一片空白，什麼話也說不出來了。究其原因，最主要的一點是因為我們不瞭解陌生人，也不知道他們所關心的話題是什麼。

在交際中，尤其是在和陌生人的交談中，每一次的話題都應該精心選擇，不要隨心所欲、張口就來，否則還未開始交談時，就已經危機四伏。

在選擇交談的話題時，必須顧及談話對象。只有讓對方感興趣的話題，說出來才能吸引對方，談話才有可能繼續下去。比如自己是球迷，不要以為別人也是球迷，逢人就談球賽，對於那些對球賽不感興趣的人也說個沒完，就會讓對方覺得索然無味，失去交流的興趣。

有這樣一個故事，許多青年男女都喜歡到公園去約會。黃昏時分，在一個公園裡，兩個擦鞋的孩子吆喝著招攬顧客。

其中一個喊道：「請坐，讓我為您擦擦皮鞋吧，保準又光又亮。」

另一個說的卻是：「約會前，請先擦一下皮鞋吧！」

結果，前一個擦鞋的孩子攤位前的顧客寥寥無幾，而後一個擦鞋的孩子的喊聲卻帶來了意想不到的效果，青年男女們紛紛讓他擦鞋。

同樣是擦鞋，同樣是吆喝，兩者的效果為何不同？

第一個擦鞋孩子說的話，確實是禮貌而熱情，而且保質保量，但與情侶們此刻的心理無關。在黃昏時刻來公園散步，是來談情說話，破費錢財去「買」個「又光又亮」，就顯得沒有多少必要。

但第二個擦鞋孩子的話就與情侶們的心理十分吻合。「月上柳梢頭，人約黃昏後」，在充滿溫情的時刻，誰不願意以乾淨、漂亮、整潔的形象出現在自己心愛的人面前呢？所以只是簡單的一句「約會前，請先擦一下皮鞋吧」，就說到了青年男女的心裡，自然來擦鞋的人就絡繹不絕了。

迎合對方的興趣，調動其說話積極性

任何人都對與自身相關的事物尤為關注，所以如果在談話的時候能切合對象的權利和利益，說到他在意的東西，那麼對方自然就會很有興趣，願意把對話進行下去。

每個人都有自己的興趣，有特別關注的事物與話題，所以在交談時，不妨去迎合對方的興趣。主動去調動他人說話的積極性，比漫無目的的閒談更有用。

卡內基的朋友查利夫是一位在童子軍中極為活躍的人物，他曾給卡內基寫過一封信：

歐洲即將舉行童子軍露營活動，我覺得需要有人幫忙，我要請美國一家大公司的經理資助童子軍的旅費。

在我去見這個人以前，剛好聽說他曾開了一張一百萬美元的支票。而這張支票退回之後，他把它置於鏡框之中。所以我走進他辦公室所做的第一件事就是談論那張支票——那張一百萬美元的支票！我告訴他，我從未聽說有人開過這樣一張支票，我要告訴我的童子軍，我的確看見過一張百萬美元的支票。他很欣喜地向我出示了那張支票。我表示很羨慕，並請他告訴我其中的緣由。

使我非常驚奇的是我只請他資助一個童子軍赴歐洲的旅費，但他竟資助了五個童子軍，並讓我們在歐洲住一個星期。他又給我寫了一封介紹信，介紹給他分公司的經理，讓他們幫忙。他還親自到巴黎接我們，帶領我們遊覽這個城市。自此之後，他又給那些家境貧苦的童子軍提供了一些工作機會，而且現在他仍全力支持我們的工作。

我知道，如果我不曾找出他所感興趣的事，使他先高興起來，那麼我想接近他將會非常不容易！

其實尋找話題並不困難，只要在自己的生活中多加觀察，對看到或聽到的事物都敏銳地加以注意，就很容易找到談話內容。

而如果非要總結一下，大概有如下的幾種話題，相對來說比較容易引起大眾普遍的談話興趣：

與對話人的權利或利益密切相關的主題

任何人都對與自身相關的事物尤為關注，這是與生俱來的，所以如果在談話的時候能貼近談話對象的權利和利益，說到他在意的東西，那麼對方自然就會很有興趣，願意把對話進行下去。

與對話人的興趣愛好有聯繫的主題

如果知道對方喜歡什麼，愛好什麼，則可以從這些方面入手，尋找話題。既然是愛好，那麼對方必然會樂於交談，也有很多可以聊的東西。但是需要注意的是必須事先準備一些談資，因為如果對方是某一領域的愛好者或高手，而自己這邊連具體資訊和知識都沒有具備，就去和人攀談，只會讓人覺得你什麼都不懂，反而十分掃興。

最近的奇人奇事、社會新聞等主題

社會上發生的新聞、奇事其實是最有效的，也是最容易引發共鳴的話題。這類話題不用事先準備專業知識，因為大家全都知道，所以只要說起來，就很有聊頭。

只要把握了以上這些技巧和內容，誠摯地與別人交流，自然而然可以打開話匣子，找到交際的突破點。

話語雖少卻要暖人心

在交際之中，真誠而發自內心地表達自己對他人的關心，常常會令他人感動，受到他人的歡迎。

很多人覺得，只有在男女雙方談戀愛、互相追求的時候，嘴巴才像抹了蜜一樣，說話很甜。其實不然，交際中多用溫暖的語言也能收到奇效。

羅斯福是美國歷史上極有聲望的總統。他沒成為總統之前，就很喜歡通過溫暖的語言使自己和普通大眾保持著良好的關係，並因此贏得了極高的聲譽。

一天，羅斯福到白宮去拜訪當時的總統夫婦，碰巧總統和他太太不在。於是羅斯福友善地向自己所遇到的白宮服務人員打招呼，他甚至能叫出每個人的名字來。

名叫亞奇巴特的服務人員後來回憶道：「當他見到廚房的女僕亞麗絲時，就問她是否還在烘製玉米麵包，亞麗絲說她有時會烘一些，但不是所有人都愛吃。」「那是他們沒有口福，」羅斯福有些不平地說，「等我見到總統的時候，我會告訴他你的麵包有多好吃。」

亞麗絲端出一塊玉米麵包給他，他一面朝辦公室走，一面吃，同時在經過園丁和工人的身旁時，還跟他們打招呼。

此外，還有另外一個關於羅斯福平易近人、用溫暖的語言打動人心的例子。

詹姆斯・亞默斯是羅斯福的下屬之一，他曾經寫了一本關於羅斯福的傳記。在書中，亞默斯講了這麼一件雖然很小但是卻很有啟發性的事情：

有一次，我太太問總統先生關於鶴鶉的事。因為我太太從沒有見過鶴鶉，所以十分好奇而感興趣，總統先生不嫌麻煩地對她詳細地描述了一番，關於鶴鶉長什麼樣子，有什麼體態特徵，還有生活習性等等。

過了幾天，我家裡的電話鈴突然響了，我太太拿起電話，居然是總統本人親自打來的電話。他在那邊笑著說，他之所以打電話過來，是要告訴她，當他剛才經過我們居住的屋子時，正好看到一隻鶴鶉停在外面的樹上，所以如果她能朝窗外瞧一眼的話，可能就會看到她從沒見過的鶴鶉了——結果可想而知，我太太感動極了，覺得總統先生是這麼細心和溫柔。

而實際上，他經常會做出這樣雖然很小卻令我們所有人都感動的事情。

當然，羅斯福這麼做絕不只是為了做做樣子，而是真誠的、發自內心的。即使後來他成為美國總統，依然如此細心、平等地對待其他人，表達自己對他人的關心。實際上，這正是羅斯福總統受人歡迎的秘密之一。

讓交際從閒談開始

深入的、社交性質的談話，多半都是從閒談開始的。

閒談是與他人深入交往之前的「熱身」，也是拉近與陌生人距離、結交新朋友的好方法。很多時候通過閒談，可以讓兩個完全不熟悉的陌生人很快成為朋友，甚至變成知己。

從非洲回到美國後，佛蘭克林．羅斯福著手準備參加一九一二年的總統競選。由於他是已故美國總統希歐多爾．羅斯福的堂弟，又是一位有名的律師，所以他的知名度非常高。

在一次必須出席的交際宴會上，在場的人基本都認識他，但羅斯福卻不認識他們。

儘管這些人都認識羅斯福，但都顯得有些冷漠，沒有和羅斯福交談。羅斯福看不出他們對自己有什麼好感，或是有什麼評價。於是他想出了一個接近自己不認識的人，並能同他們搭話的好辦法。

他對坐在自己旁邊的路斯瓦特博士悄聲說：「路斯瓦特博士，請您把坐在我對面的那些客人的大致情況告訴我行嗎？」路斯瓦特博士就把每個人的大致情況向羅斯福做了介紹。

掌握了基本情況後，羅斯福在閒談中隨口向那些不認識的來賓提出了一些簡單的問題，從中瞭解到他們的性格、特點、愛好、職業等。此時，羅斯福已經想好了和他們閒談的話題，並由此引發來賓們談話的興趣。沒過多久，羅斯福就通過閒談和他們成了朋友。

有很多的人都認為閒談是在浪費時間，是一件沒有意義的事情，但是必須明確的是深入的、社交性質的談話，多半都是從閒談開始的。實際上，之所以有些人能說會道而且交際廣泛，就是因為他們有第一流的閒談功夫。

那麼在社交活動中，如何開始閒談呢？

聊聊天氣

天氣可算是人們最常提到的話題。天氣很好，可以一起讚美；天氣太熱，就可以交換一下悶熱的苦惱；而有關颱風、暴雨、雪災等消息，可以隨時拿出來聊聊，因為這是人們普遍關心的話題。

談談家庭

諸如兒童教育、購物經驗、夫妻相處之道、親朋好友之間的交際應酬、家庭佈置，這一系列關於家庭生活方面的知識都可以用來交談。這也是屬於大多數人感興趣的話題。

轟動一時的社會新聞

轟動一時的社會新聞在特定的時期是最吸引人的閒談資料。如果自己準備了一些能夠吸引大眾目光的新聞，或是有很特殊的意見或看法，那麼只要說出來就足以把聽眾吸引到自己周圍。

健康保健與醫藥知識

隨著社會發展，健康問題已經被越來越多的人所關注。所以關於健康與病理這方面的話題，也是很多人都樂意說一說的。

有名的醫生、常見疾病的護理知識、親友治病養病的經驗、美容保養的秘訣、減肥的妙招……諸如此類的話題也許只是一家之言，但也足以吸引他人注意力。如果談話對象的朋友或其親人恰好有一些健康問題時，如果能提供有價值的建議，對方就會有興趣聆聽，對你表示感激的同時願意做進一步交流。

拿自己尋開心

如果一個人可以把自己曾鬧過的無傷大雅的笑話當作談資說給別人聽，比如買東西上當、語言上的誤會、尷尬的小矛盾等等，這一類笑話多數人都喜歡聽。開自己的玩笑，除了能夠博他人一笑之外，還會讓別人覺得你為人隨和，容易相處，從而更願意主動交流。

用請教的態度和口吻提出問題

謙遜並不會阻礙你施展才能，它反而可以使你在說話時多加留心，讓你的話易於被他人接受。

英國哲學家約翰・洛克說過：「年輕人不可中途插嘴，說的時候要用請教的態度，不能像教訓別人似的。年輕人還應該避免固執的態度和傲慢的神情，要謙遜地提出問題。謙遜並不會阻礙你施展才能，它反而可以使你在說話時多加留心，讓你的話易於被他人接受。」

從前有一個年輕人，在一個小村莊中遇見了一位老人，就問道：「這裡怎樣？」老人不答反問：「你的家鄉怎樣？」這個年輕人回答道：「非常糟糕！我不喜歡！」老人家接著說：「那你快離開吧，這裡和你的家鄉同樣糟糕，你也不會喜歡！」

後來又有一個年輕人來到這個村子，也問了相同的問題，老人也同樣反問他，年輕人回答：「我的家鄉特別好，我特別想念家鄉的人、事以及花草魚鳥……」老人說：「這裡也和你的家鄉一樣好。」

對於老人的做法，有人覺得十分奇怪，問老人對於相同的問題為何給出的答案卻不一樣。老人說：「你尋找的是什麼，你找到的就會是什麼！」

由此可見，態度好壞決定個人的收穫，態度好的人常常會收穫更多。而態度傲慢的人，常常會吃閉門羹。因此當你想和別人很好地交談時，必須要以真誠的態度，而不是用教訓的口吻來講話。

每個人的所學與所知都是有限的。所以有時候「見什麼人說什麼話」的方式並不可取。更多的時候收起傲氣，用很好的態度去請教別人，反而更重要。

古代偉大的思想家和教育家孔子曾說：「三人行，必有我師焉。擇其善者而從之，其不善者而改之。」領導者在與下屬說話的時候，如果抱著謙虛的心態，下屬感到自己受到尊重，可能知無不言，言無不盡，提供給領導者原本不曾知道的資訊。這樣對工作的順利開展是很有幫助的。

說話要簡潔明快

任何時候說話做事都要簡潔明快。

有一些人說話大大咧咧，漫不經心，一講起來就沒完沒了，囉唆一大堆，還完全沒有邏輯，想到哪裡說到哪裡。社交場合裡一旦出現了這樣的人，大家都會傷透腦筋。因為他們既不知道自己在說什麼，也不知道自己為什麼要說，更不知道應該在什麼場合說，毫無節制可言。

說話囉唆是交際中的一大弱點。它會讓人感到厭煩，又不好打斷。

曾有人提出幽默的設想，建議說起話來就沒完的人在每次說話時，都假設自己在打國際長途，必須為每一分鐘付費。其實這種想像很合理，因為說話囉唆就是在浪費自己與別人的時間。

兩個多年未見面的老朋友相聚了，對於這一天他們都盼望了很久。其中一個人還帶了他熱情開朗的新婚妻子一起來。

妻子從一開始就獨佔了整個談話，滔滔不絕地講起了那些自己覺得很好笑、很有趣的事情。出於禮貌，兩個男人沉默地聽著，偶爾尷尬地彼此對視一眼。而直到他們分手的時候，那個人的妻子還站在門口的臺階上揮舞著手帕，與高采烈地說著：「再見！」並且還說她渡過了一個很有意義的夜晚，認識了丈夫的朋友，進行了一次愉快的談話。

而此刻，兩個男人仍舊對彼此分別多年後的情況一無所知，心裡都在埋怨著這個多話的女人。

那麼如何才能做到不囉唆呢？最有效的方法就是提醒自己，無論何時何地說話做事都要簡潔明快。

秉持一顆至誠的心

當我們與人交談時，必須秉持著一顆至誠的心，將自己最好的一面通過說話表達出來，如此才能建立良好的人際關係，使自己融入群體之中。

由於說話的態度不同，語言既可以成為建立和諧人際關係的強有力的工具，也可以成為刺傷別人的利刃。在說服對方時，用真誠的態度，會讓人喜歡，易於被人接納。入情入理的話，一方面顯示說服者坦誠的態度；另一方面又表示尊重對方並為對方著想。這樣無論說了什麼，都是在人的情感上都進行了溝通，達成了共識，促使合作成功。

日本松下電器公司還是一家鄉下小工廠時，作為公司領導者，松下幸之助總是親自出馬推銷產品。在碰到砍價高手時，他就說：「我的工廠是家小廠。炎炎夏日，工人在熾熱的鐵板上加工製作產品。大家汗流浹背，還努力工作，好不容易製造出了產品，依照正常利潤的計算方法，應當是每件××元承購。」

對手一直盯著他的臉，聽他敘述。聽完之後，展顏一笑說：「哎呀，我可服你了，賣方在討價還價的時候，總會說出種種不同的話，但是你說得很不一樣，句句都在情理之中。好吧，我就照你說的價錢買下來好了。」

松下幸之助的成功，首先在於他真誠的說話態度。他強調自己是依照正常的利潤計算方法確定價格的，自己並無貪圖錢財的想法，同時也暗示對方沒有討價還價的餘地。這就使對方調整角度，與其達成共識。

當我們與人交談時，必須秉持著一顆至誠的心，不要流於巧言令色、油嘴滑舌，要根據時間、場合和對象的不同，而將自己最好的一面通過說話表達出來，如此才能建立良好的人際關係，使自己融入群體之中。

費城的奈佛先生，多年來一直想把燃料賣給一家大連鎖店，但是這家連鎖店一直從外地購買燃料，運貨的車正好從奈佛先生辦公室的門口經過。奈佛先生晚上就在卡內基的課堂上演講，並且大罵這家連鎖店。

卡內基建議他改變戰略。首先，他們準備在課堂上舉行一次辯論會，主題就是連鎖店的廣布，對國家害多益少。於是卡內基建議奈佛先生加入反方，他同意了。由於要為連鎖店辯護，奈佛便前去拜訪一位他原本瞧不起的連鎖店經理，告訴他「我不是來推銷燃料的，我是來找你們幫個忙。」他把來意說清後，並特別強調：「我來找你，是因為我想不出還有其他人能夠提供給我事實。我很希望能贏得這場辯論，無論你提供什麼給我，我都十分感激。」

奈佛原先只要求這位經理撥出一點兒時間，所以對方才同意見他。當奈佛把事實說出之後，經理指著一張椅子要奈佛坐下，並且整整用了一個多鐘頭的時間詳談。經理請來另一位主管，這位主管寫過一本有關連鎖店的專著。他覺得連鎖店提供了最真實的服務，他也以自己能夠為許多社區服務為榮。當他侃侃而談的時候，兩眼發亮，奈佛也不得不承認對方的確讓他明白了許多意想不到的事，改變了他的心態。

羅馬詩人帕利裡亞斯．賽洛斯說過：「當別人真誠地對待我們的時候，我們也要真誠地對待他們。」真正站在對方的立場上，為對方著想，並全面分析雙方的利弊得失，說話真誠，語氣親切隨和，不卑不亢，入情入理，這是成功打動對方的訣竅所在。

使談話留有餘味

如果初次會面和交談可以讓對方感覺意猶未盡，則自然就會有第二次見面，這是人際交往的最高境界。

要想讓對方與你交談，最重要的在於製造餘味無窮的談話。話題應視對方的情形而定，不符合對方需要的話題，再好也無法吸引對方注意力。而找到雙方都感興趣的話題才能聊得投機。

一九八六年十月十五日，大陸鄧小平在北京會見了英國女王伊莉莎白二世和她的丈夫菲力浦親王。

在會見中，鄧小平談笑風生，態度親切友好。他說：「北京這幾天的天氣很好，這也是對你們的到來表示歡迎。當然，北京的天氣比較乾燥，要是能借一點兒倫敦的霧，就更好了。我小時候就聽說倫敦有霧，在巴黎時，聽說登上巴黎鐵塔，就可以望見倫敦的霧。我曾登上過兩次，可是很不巧，天氣都不好，沒有看到倫敦的霧。」

菲力浦親王說：「倫敦的霧是英國工業革命時期的產物，現在倫敦沒有霧了。」

鄧小平風趣地說：「那麼借你們的霧就更困難了。」

菲力浦親王說：「可以借點兒雨給你們，雨比霧好。你們可以借點兒陽光給我們。」

在這段對話中，雙方都在談天氣，說到霧、雨和陽光。其實就在這幾句的寒暄中，雙方已開始聯絡感情，並且為進一步會談打下了良好的基礎。

菲力浦親王所說的「倫敦的霧是英國工業革命時期的產物，現在倫敦沒有霧了」，言談間流露出的是對英國工業歷史悠久和對採取環境治理產生的成效顯著的自豪，而借霧、借雨、借陽光之類的言辭，也委婉而巧妙地傳達著雙方有互助互利、友好合作的誠意。這樣的聊天，誰能說不值得回味呢？

想要使談話留有餘味，必須使用優美的言辭。無論是誰，只要說出的話可以讓人回味無窮，個人的魅力就會得以展現，陌生人也會在不知不覺間被吸引，從而把陌生人變為朋友。

避免出現令人尷尬的局面

在交際中能夠成功避免尷尬局面，無疑是領導者能力的一部分，因此，懂得並力爭避免尷尬局面的出現，是每一個領導者都應該掌握的能力。

在生活和工作中，產生尷尬的原因眾多，有些事無法預見，或難以避免，但有些尷尬卻能事先防範。

在參與交際活動時，特別是一些求助性的交際活動，自己可能滿懷希望，熱切需要別人幫忙，卻當場被別人拒絕，這樣的場合是十分尷尬的，令人失落而氣憤。要想避免這樣的尷尬場面，可以仔細思考以下兩個方面的問題：

首先，看看提出的要求是否超出了對方的承受能力。脫離實際的高標準要求，對方是無力滿足的，自然會拒絕。這樣的要求最好就在一開始就不要提出，否則必然是自尋煩惱。

其次，看對方的人品以及自己與他的熟悉程度。對方如果不是樂善好施之人，即使提出的要求不高，對方也未必會答應。此外，如果自己和他人關係一般，並沒有多少交情，這樣的前提下貿然提出很高的要求，就很可能碰壁。

最後，要看自己提出的這些要求和尋求的幫助是不是合理合法的。每個人都應該具有法律意識，如果妄圖規避、違反法律，提出一些違反政策和法律法規的要求來，對方只要有一定的法律常識，肯定會給予拒絕，而且自己提出違法的要求本身就是很危險的，也是很不應該的。因此如果有了這樣的念頭，最好是自我約束，打消這種想法，對別人更應該免開尊口。

國家圖書館出版品預行編目資料

領導者的溝通藝術：開口就能說動人／韓偉華編著. -- 修訂一版. -- 臺北市：菁品文化事業有限公司, 2023. 03

面；　公分. --（通識系列；92）

ISBN 978-986-06029-4-4（平裝）

1. CST: 職場成功法　2. CST: 溝通技巧　3. CST: 說話藝術
4. CST: 領導者

494.35　　112001550

通識系列 092

領導者的溝通藝術：開口就能說動人（暢銷修訂版）

編　　著　韓偉華
執行企劃　華冠文化
設計編排　菩薩蠻電腦科技有限公司
印　　刷　博客斯彩藝有限公司
出 版 者　菁品文化事業有限公司
地址／114012 台北市內湖區環山路2段109巷8弄21號5樓
電話／02-22235029　傳真／02-87911367
郵政劃撥　19957041　戶名：菁品文化事業有限公司
總 經 銷　創智文化有限公司
地址／236658新北市土城區忠承路89號6樓（永寧科技園區）
電話／02-22683489　傳真／02-22696560
版　　次　2023年3月修訂一版
定　　價　新台幣320元　（缺頁或破損的書，請寄回更換）

I S B N　978-986-06029-4-4

本書 CVS 通路由美璟文化有限公司提供　02-27239968